二氧化硅低维微/纳米材料的制备及其光学性能

吕 航 杨喜宝 著

U0319682

北 京
冶金工业出版社
2023

内 容 提 要

　　本书介绍了利用热蒸发法制备二氧化硅低维微/纳米材料，此制备方法在简单、有效、低耗的同时可以对材料的微结构进行调控。本书对制备方法和生长机制进行实验分析，探索低维纳米结构和性能的影响因素，对纳米材料功能器件的设计具有重要指导性意义。本书还对于热蒸发法制备二氧化硅微/纳米材料的结构及性能的影响进行分类介绍，深入分析纳米材料的生长机理。

　　本书可供从事材料学、物理学、化学等领域的科研人员阅读，对纳米材料生长机理的理解和结构性能影响因素的探索具有重要参考价值。

图书在版编目(CIP)数据

　　二氧化硅低维微/纳米材料的制备及其光学性能/吕航，杨喜宝著. —北京：冶金工业出版社，2023.9
　　ISBN 978-7-5024-9616-6

　　Ⅰ.①二… Ⅱ.①吕… ②杨… Ⅲ.①氧化硅—纳米材料—材料制备—研究 Ⅳ.①TB383

　　中国国家版本馆 CIP 数据核字(2023)第 163753 号

二氧化硅低维微/纳米材料的制备及其光学性能

出版发行	冶金工业出版社	电　　话	(010)64027926
地　　址	北京市东城区嵩祝院北巷 39 号	邮　　编	100009
网　　址	www. mip1953. com	电子信箱	service@ mip1953. com

责任编辑　于昕蕾　美术编辑　彭子赫　版式设计　郑小利
责任校对　梅雨晴　责任印制　禹　蕊
北京印刷集团有限责任公司印刷
2023 年 9 月第 1 版，2023 年 9 月第 1 次印刷
710mm×1000mm　1/16；7.25 印张；141 千字；108 页
定价 51.00 元

投稿电话　(010)64027932　投稿信箱　tougao@ cnmip. com. cn
营销中心电话　(010)64044283
冶金工业出版社天猫旗舰店　yjgycbs. tmall. com
(本书如有印装质量问题，本社营销中心负责退换)

前　　言

在当今信息时代，光电子集成器件的发展有着极其重要的作用。目前，硅的集成工艺的发展已经相当成熟，因此从工艺兼容性的角度考虑，用硅基材料作为发光器件将会是最佳的选择，而其应用的最大优势则是提高发光效率。纳米二氧化硅作为其中一种硅基材料，在合成方面具有可控的尺寸、形貌、孔隙率及化学稳定等特点，使得 SiO_2 基质作为各种纳米技术应用的结构基础，例如：吸附、催化、传感和分离，拥有着独特的物理和化学性能，在光学领域如光学显微镜、光波导、纳米光电器件都具有非常广泛的应用。在低维结构中，SiO_2 纳米颗粒是一种新型纳米材料，在建筑、化工、医药、航空航天特制品以及光学器件上都有重要应用。近年来，一维纳米结构材料因其具有独特的光、电、磁和光催化等物化特性，引起了人们的广泛关注。SiO_2 纳米线是一种新型的一维纳米材料，其卓越的体积效应、量子尺寸效应、宏观量子隧道效应等，使其不仅具备纳米粒子所特有的性质，而且作为典型一维纳米材料在橡胶、塑料、纤维、涂料、光化学和生物医学等领域都具有广泛的应用前景。近年来，各种形貌的 SiO_2 纳米材料的合成和性能研究取得了显著的成就。制备纳米 SiO_2 存在多种方法，主要分为干法和湿法两种。其中干法分为气相法和电弧法。湿法包括沉淀法、溶胶-凝胶法和水热合成法等，每种方法都有其独特的优缺点。比较而言，气相法制备的产品粒径分布均匀、纯度高、性能好，通过对实验参数进行调控可以进一步实现对微结构的控制，是实验室、工业上常用的方法。气相法中的热蒸发方法作为一种简单和大面积兼容的方法，已经被广泛应用。该方法通过独立控制结构和尺寸来促进调整纳米材料的光学性质。还可以通过催化剂的使用控制成核和生长机理，进而来调整纳米线的内部结构和宏观特征。最近由于纳米线在电子和传感器纳米器件中的应用越来越广泛，催化剂的作用被认为更加重要。文献报道的 SiO_2 具有较大带隙，在 7~11eV 范围内，人们可以通过改变尺寸和掺杂其他元素来缩小带隙宽度。鉴于此，提高纳米线的复杂性、元素掺杂和改变内部尺寸能使 SiO_2 纳米材料的形态和功能变得更加复杂，进而成为人们研究和关注的焦点。

本书介绍了利用热蒸发法制备二氧化硅低维微/纳米材料，这种方法在简单、有效、低耗的同时可以对材料的微结构进行调控，书中对制备方法和机制进行实验分析对比，探索低维纳米结构和性能的影响因素，对纳米材料功能器件的设计具有重要指导性意义。书中还对热蒸发法制备二氧化硅微/纳米材料的结构及性能的影响进行分类介绍，深入分析纳米材料的生长机理，对于科研工作者针对纳米材料生长机理的理解和结构性能影响因素的探索具有重要参考价值。另外，书中对于不同形貌和结构纳米二氧化硅的制备和性能进行研究，对纳米材料在电子器件和新功能材料领域的应用有科学意义。

由于作者水平和时间所限，书中难免有不足之处，敬请各位读者批评指正。

作　者

2023 年 7 月

目　　录

1 绪 论

1.1 二氧化硅的结构、性质及其应用

硅基微/纳米材料因其独特的结构、独特的性能和在微电子领域的应用而备受关注。其中，二氧化硅（SiO_2）纳米材料是纳米材料中非常重要的一员，其在光致发光、透明绝缘、光化学、光波导和生物医学等领域具有广泛的应用视野，它具有优异的物理力学性能和独特的微/纳米结构性能。图 1-1 和图 1-2 所示为纳米 SiO_2 的光学照片及常见应用，多年来，在研究各种形貌的 SiO_2 材料及其相应的性能方面取得了显著的进展。近年来，SiO_2 纳米材料在合成方面具有可控的尺寸、形貌、孔隙率及化学稳定等特点，使得 SiO_2 基作为各种纳米技术应用的结构基础，例如：吸附、催化、传感和分离。同时，纳米 SiO_2 还作为一种硅基材料，拥有着独特的物理和化学性能，使其在光波导、光学显微镜、纳米光电器件等领域应用广泛。

图 1-1 纳米 SiO_2 的光学照片

SiO_2 纳米材料作为一种非常重要的功能材料，受到国内外专家的广泛关注。关于 SiO_2 纳米材料制备和性能的研究报道非常多。

a

b

图 1-2　纳米 SiO_2 的常见应用

（石沙和硅胶的主要成分是 SiO_2）

a—石沙；b—硅胶

（1）国外。

1998 年，D. P. Yu 等人，在 1200℃ 时，利用激光烧浊法成功合成了非晶 SiO_2 纳米线。

2001 年，L. Z. Wang 等人，在室温条件下，利用凝胶-溶胶法成功合成了非晶 SiO_2 纳米管。

2002 年，M. Zhang 等人，用溶胶-凝胶法在阳极氧化铝模板孔内制备出了 SiO_2 纳米线。

2003 年，Y. B. Zheng 等人，利用物理气相沉积法制备出了非晶 SiO_2 包裹着的 InS 纳米线和 SiO_2 纳米管。

2004 年，J. J. Niu 等人利用化学气相沉积法在 P 型硅的衬底上成功制备出细 SiO_2 纳米线。

2006 年，Ni 等人利用化学气相沉积法制备出非晶 SiO_2 纳米线。

（2）国内。

纳米 SiO_2 是在 1996 年末，由中国科学院固体物理研究所与舟山普陀升兴公司合作研制出来的。

目前，纳米 SiO_2 的开发和应用引起了众多科研工作者的关注，上海氯碱化工与华东理工大学建立了连续化规模中式研究装置，开发了辅助燃烧反应器等核心设备，制备出了性能优良的纳米 SiO_2 产品，其一些优异的性能已经达到或超过国外同类产品的指标。

1.1.1　二氧化硅的结构与性质

1.1.1.1　二氧化硅的结构

SiO_2 有晶体和非晶体之分，如图 1-3 所示。例如石英就是一种晶态 SiO_2，然而晶片上生长 SiO_2 膜却为非晶态 SiO_2。晶态 SiO_2 的原子分布是长程有序的，硅-氧四面体在空间按一定的规律排列，而非晶态的二氧化硅是短程有序的，硅-氧四面体在空间是无规则地随机排列的。SiO_2 是硅最稳定的化合物，其具有熔点高、硬度大及不溶于水等性质，只与氢氟酸发生反应。同时，SiO_2 还是一种非常理想的电绝缘材料，用热氧化制备的 SiO_2 电阻率可达到 $10^{16} \Omega \cdot cm$。这些性质和特点使其在集成电路制造的应用中发挥重要的作用。

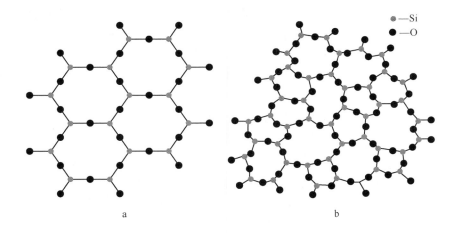

图 1-3　材料结构示意图

a—晶体结构规则排列的网格；b—非晶结构不规则排列的网格

SiO_2 的结构如图 1-4 所示，每个硅原子周围都有 4 个氧原子，构成硅-氧四面体，即 SiO_2 四面体。四面体的中心是硅原子，而 4 个顶角是氧原子。

图 1-4 SiO₂ 的结构

1.1.1.2 二氧化硅的性质

A 物理性质

二氧化硅（SiO_2）是地球上比较丰富的物质之一。在自然界中主要有两种存在形式：结晶 SiO_2 和无定形 SiO_2。SiO_2 从结构来看是原子晶体，它的 Si—O 键能很高，因此熔点和沸点比较高，而且硬度大、化学性质也比较稳定。相比较普通的 SiO_2 来说，纳米 SiO_2 不仅拥有其普通特性，而且还拥有独特的物理化学特性。作为一种无机非金属纳米材料，它为无毒、无味、无污染的无定形的白色粉末。它具有径粒小、纯度高等突出特点。二氧化硅是一种无色、无味、无臭的固体，常温常压下为无色透明晶体，硬度较高，但是很脆，所以通常以小颗粒或者粉末状存在。其密度为 $2.2g/cm^3$，熔点为 1713℃，沸点为 2230℃。二氧化硅在常温下稳定，不溶于水和大多数溶剂，但可以溶于氢氟酸和碱性溶液。此外，二氧化硅具有良好的耐热性、绝缘性能和化学稳定性。

B 化学性质

二氧化硅化学性质不活泼、很稳定，一般情况下和酸不发生反应，也不跟水发生反应，特殊情况下，遇到氟化氢气体或氢氟酸时会发生化学反应生成四氟化硅气体和水。遇到强碱时在常温状态下会缓慢化学反应生成强碱所对应的硅酸盐，在高温时，硅酸盐会生成相应的盐和水。因为常温状态下二氧化硅是非常稳定的固体，所以二氧化硅参加反应一般都伴随着高温条件。

纳米二氧化硅一直都是研究的热点，只有了解其基础性能，对其结构和特性的研究才能够更加了解和深入。

C 光学特性

纳米 SiO_2 最显著的特点是发光性能。在科学研究中，常常将这一发光特性应用到生活的各个方面。可以说纳米 SiO_2 材料发光性能的研究，对于整体了解、学习纳米 SiO_2 材料有很大的帮助。本书主要是从理论和实验两方面相结合来研究它的发光特性。其中理论方面包含它的发光范围、原因和机制，实验方面主要是观察它的发光现象。

a 发光范围

纳米 SiO_2 对紫外、红外和可见光都表现出比较高的反射特性，它不同于常规的 SiO_2 块体的光学吸收特性。其对波长在 280~300nm 的紫外光反射率达 80%以上，对波长在 300~800nm 的可见光反射率高达 85%，对波长在 800~1300nm 的红外光反射率也达 80%以上。

b 发光原因

目前纳米 SiO_2 光学性质理论研究发现主要存在富氧型缺陷和缺氧型缺陷。由于纳米 SiO_2 发光和吸收产生的峰位的缺陷也各不相同，以下对富氧型缺陷和缺氧型缺陷做出了解释。

富氧型缺陷表现在吸收带在 4.8eV，光致发光带在 1.9eV（650nm）的位置上。它首次是由研究员 Compton 等人在电子束轰击合成的 SiO_2 中观察得到。目前至少有三种缺陷产生了 1.9eV 的发光带。这三种缺陷分别为非桥氧中心 NBOHC（$\equiv Si—O\cdot$）、间隙臭氧分子（O_3）和过氧激态分子 POR（$\equiv Si—O—O\cdot$）。为了明确是哪一种缺陷，对三种缺陷比较发现，当出现较宽的 4.8eV 吸收带、1.9eV 光致发光带则归因为非桥氧中心，当出现 4.8eV 窄吸收带归因为间隙臭氧分子，而过氧激态分子被认为产生 2eV 吸收带。

缺氧型缺陷主要分为顺磁性中心 E' 和 2 类反磁性缺陷 ODC 中心（分别为一号和二号）。这三种氧缺陷经学习发现，E' 中心主要存在 5.8eV 强吸收带，半高宽为 0.8eV。ODC 一号中心拥有 7.6eV 吸收带，其吸收带归因于某种缺氧型缺陷中心，主要表现形式为 Si—Si 键。ODC 二号中心情况很复杂，通常在 5.0eV 吸收带的激发下，会产生两组光致发光带。对于这种产生的光致发光带在日后的学习中依然需要研究和考证。

c 不同形貌和结构的纳米 SiO_2 的光学研究

曾有人采用紫外-可见（UV-Vis）吸收光谱来进行光反射性能研究，他们指出多孔的纳米 SiO_2 与球形纳米 SiO_2 的吸收峰强度是不一样的，吸收峰的强度与纳米 SiO_2 的表面状态和结构有很大的关系。光吸收是由电子跃迁引发的，纳米 SiO_2 的表面状态和结构会对电子波函数的畸变程度有影响，反过来说，这种畸变的程度也会对电子由基态向激发态跃迁的概率产生影响，最终影响到其吸收峰的强弱。多孔纳米 SiO_2 与球形纳米 SiO_2 相比较来看，它的网状孔隙会吸附空气和氧气，致使硅氧比例不均衡，原有的硅氧四面体结构在一定程度上发生畸变，因而导致纳米 SiO_2 中的电子波函数畸变加大，电子从基态向激发态的跃迁概率也发生了一定程度的改变，可能是减小了。同时，孔隙中大量的空气会增加折射率，折射率越大则反射率越大，而光吸收相反减弱。而球形纳米 SiO_2，其电子的跃迁概率却并没有发生变化。因此以上的这种差异使得纳米 SiO_2 的吸收光谱表现出不同程度的峰。这一理论研究对后几章中的制备出不同结构和形貌的纳米 SiO_2 的光学性能研究提供了理论解释。

D　化学特性

纳米 SiO_2 受自身的体积效应和量子隧道效应的影响，本身具有渗透功能，能渗透到高分子化合物 π 键的附近和电子云发生重叠，从而形成空间网状结构，最大程度地提升高分子材料的强度、韧性、耐磨性和耐老化性。当前人们正是利用纳米 SiO_2 这些特殊的结构和性能对材料改性或是制备复合材料，以达到提高材料的综合性能的目的。

1.1.2　二氧化硅纳米材料的应用

二氧化硅主要用于生产窗户上的玻璃（图1-5）、饮用玻璃杯、饮料瓶及许多其他的用途。电信的大多数光纤也是由二氧化硅制成的。它还是许多白瓷陶瓷的主要原料，如陶瓷、瓷器等以及工业上的水泥。

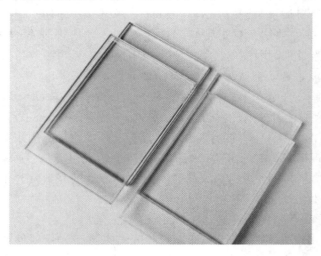

图1-5　玻璃

二氧化硅薄膜由于其高化学稳定性，所以对微电子学非常有益。应用在电器中，它可以保护硅，储存电荷，阻断电流，甚至可以控制限制电流的流动路径。在星尘航天器中使用硅基气凝胶来收集外星粒子。二氧化硅在离液剂作用下拥有了与核酸结合的能力被用来提取 DNA 和 RNA。

作为疏水性二氧化硅，它用作消泡剂组分。在水合形式中，它被用作牙膏作为去除牙菌斑的硬质研磨剂。作为耐火材料，其在纤维形式中作为高温热防护织物是非常有用的。胶体二氧化硅被用作葡萄酒和果汁澄清剂。在制药产品中，当形成片剂时，二氧化硅帮助粉末流动。它还被用作地源热泵行业的热增强化合物。除此之外，它在树脂复合材料、塑料、涂料、橡胶、染料等方面都得到充分的应用。图 1-6 所示为二氧化硅的常见应用领域。

润滑脂应用

塑料行业应用

日化行业应用

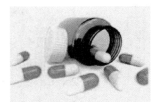
制药行业应用

粉体行业应用

建筑材料应用

硅橡胶行业应用

涂料行业应用

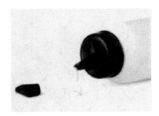
胶黏剂应用

不饱和树脂应用

农药化肥应用

饲料行业应用

图 1-6 二氧化硅的常见应用领域

（1）在橡胶改性中的应用。纳米二氧化硅在橡胶中的应用非常广泛，例如鞋类、胶辊（复印机或激光打印机的半导电性胶辊、金属芯硅胶辊等）、轮胎、硅橡胶制备薄膜等。其原理：将纳米 SiO_2 添加到橡胶中，利用溶胶-凝胶法，通过改善它在橡胶中的分散度来增加橡胶的力学性能，通过改变 SiO_2 纳米材料的尺寸，可以制备出光敏感度不同的橡胶，从而起到抗紫外线的作用，还能生产出红外反射橡胶，利用纳米 SiO_2 高介电性能可以制备出绝缘性较好的橡胶。此外，纳米二氧化硅应用在轮胎中，能使轮胎在滚动阻力和牵引性能及耐磨性之间达到最佳平衡状态，增加轮胎的耐变性、抗老化性，增长轮胎的使用寿命，还能生产彩色轮胎。

（2）在纺织业中的应用。将纳米材料添加到有机染料里，改变有机染料表面的特性，这样不但提高了染料的抗老化性能，还提高了有机染料的亮度等指标，大大拓宽了有机染料的档次和应用范围。

（3）在涂料中的应用。将纳米 SiO_2 添加到涂料中，它能够提高涂料的稳定性、触变性、增稠性、补强性等，提高涂膜和物体的结合强度，增加涂膜硬度，提高表面自洁能力。

（4）在树脂复合材料中的应用。将纳米 SiO_2 颗粒充分、均匀地分散到树脂材料中，可以增强树脂基材料的强度、伸长率、耐磨性以及改善材料表面的清洁度，增强其抗老化性能，延长其使用寿命。

（5）在通信领域的应用。因为二氧化硅具有良好的反射光性能而被用来制作光导纤维，简称光纤，具有低耗、宽带的优点，已被广泛使用在有线通信系统里。

（6）在微观领域的应用。在微观领域里，因为硼、磷等常用杂质在 SiO_2 中的扩散速率远小于其在 Si 中的扩散速率，所以在 Si 上固定区域掺杂这些杂质时，通常先会在硅片上用湿氧氧化法制作一层 SiO_2 薄膜，然后旋涂上一层光刻胶并对需要扩散的区域进行曝光，之后采用湿法刻蚀工艺将裸露的 SiO_2 薄层去掉，最后旋涂上一层含有所需元素的溶液并放入扩散炉里即可。如图 1-7 所示，根据扩散时间、杂质在 SiO_2 中的扩散系数、温度等变量的不同，所需要的 SiO_2 薄膜的最小厚度 x_{min} 也不一样。

（7）在集成电路领域的应用。在集成电路工艺中制备 SiO_2 时还会出现一个非常有意思的鸟嘴效应。随着微观领域的科技逐渐成熟，纳米材料逐渐出现在人们的视野当中。其中之一的纳米二氧化硅（又名白炭黑），也是本书的主要研究物质，在很多领域都得到了应用。在凝胶中掺入表面已激活的纳米二氧化硅可使凝固温度降低且能提高密封性，更好地保护器件使器件工作时间更长；在树脂材料中均匀掺入纳米二氧化硅可使树脂材料得到在强度、伸长率、耐磨性、光洁

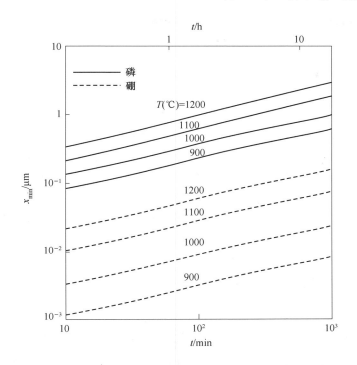

图 1-7　不同温度下掩蔽磷、硼所需氧化层厚度与扩散时间关系图

度、抗老化性能等方面的提升；在聚苯乙烯里加入纳米二氧化硅也能使做出来的塑料得到全方面的提升；在涂料中掺入纳米二氧化硅可使涂膜硬度和结合力增加；在橡胶里掺入纳米二氧化硅可使颜色持久且耐磨性提升；在颜料中掺入纳米二氧化硅也可使颜料持久并且亮度和饱和度都得到提升；在陶瓷材料里掺入纳米二氧化硅可使致密性提高且降低烧结温度；在密封胶粘接剂中掺入纳米二氧化硅可抑制胶体流动增加密封性；在有机高分子中加入纳米二氧化硅可使韧性增加，耐热性能也大幅提高使制成的玻璃钢制品质量更好；在化妆品中掺入纳米二氧化硅可使化妆品抗紫外能力提升不少；将功能离子均匀设计到纳米二氧化硅表面的介孔中可开发出更高效的纳米抗菌粉。

（8）其他方面的应用。将纳米 SiO_2 添加到木材中，所制备的复合材料具有木材原始细胞的结构、外观和可加工性，还可以改善木材的使用性。二氧化硅还是常见的食品生产中的添加剂，主要用作粉状食品的流动剂，或用于吸湿应用中的水分吸收。它还是硅藻土的主要组成成分，用途很多，从过滤到昆虫控制。它也是稻壳灰的主要成分，例如用于过滤和水泥制造，还能节约能源和保护环境。应用在化妆品中，它的光扩散性和自然吸收性非常有用。

1.2　微/纳米二氧化硅的制备

1.2.1　制备方法

目前制备纳米 SiO_2 的方法主要分为干法和湿法两种。其干法分为气相法和电弧法。湿法包括沉淀法、溶胶-凝胶法和水热合成法等。

气相法：又称为热解法或干法。它的生产工艺包括物理气相沉积和化学气相沉积，其原理主要是指直接引进气体或是通过不同的手段例如高温加热将物质变为气体，同时在气态的条件下存在一系列物理变化或化学变化，最后在冷却状态下凝聚形成纳米粒子的过程。本书介绍的就是采用物理气相沉积方法制备 SiO_2。可以采用这种方法制备操作简单、纯度高且能够有效控制的纳米材料。

沉淀法：原理是采用酸化剂来酸化硅酸盐溶液，使其疏松干燥从而沉淀得到了纳米 SiO_2。反应主要由两步组成：首先，需要对成胶和溶胶的团聚进行控制。其次，需要在干燥和煅烧过程中抑制凝胶再团聚。

溶胶-凝胶法：原理主要是在低温条件下利用金属化合物发生溶液→溶胶→凝胶→固化等一系列变化，最终通过热处理而得到氧化物。具体实验方法主要是：在室温条件下，把正硅酸酯作为前驱物，通过水解、缩合、陈化、干燥等处理，最终得到所需的纳米 SiO_2 粉体。

水热合成法：水热合成法是一种制备粉体的方法，它需要前驱物的反应和结晶，并且在常压条件下是无法实现。因此在高温高压条件下，水溶液或蒸汽等流体进行化学反应，在整个反应中粉体的形成经历了溶解、结晶过程。值得注意的是在水热合成的整个过程中，温度、压力、样品处理时间以及溶液的成分、酸碱性、前驱体种类等对所生成的氧化物颗粒的大小、形式体系的组成以及纯度等有很大的影响。

综上所述，制备纳米 SiO_2 主要有以上五种不同的方法，每种方法都有其独特的优缺点，如表 1-1 所示。经比较，气相法制备的产品粒径分布均匀、纯度高、性能好，是实验室、工业上常用的方法，本书也着重介绍利用气相法制备纳米 SiO_2。

表 1-1　制备方法的优缺点

制备方法	主要优点	主要缺点
气相法	纯度高、颗粒尺寸小、颗粒团聚少、组分更容易控制	能耗大、原料昂贵、设备要求高、技术复杂
电弧法	设备简单、技术成熟	产品缺陷较多

制备方法	主要优点	主要缺点
沉淀法	原料易得、生产流程简单、能耗低、投资少	产品质量不如气相法和溶胶-凝胶法，孔径分布宽，孔径形状难以控制，颗粒不易控制
溶胶-凝胶法	制备费用低、易操作	成本较高、易造成环境污染
水热合成法	粒子有较高的纯度、分散性好、晶型好且尺寸可控	设备要求高、操作复杂、能耗较大

1.2.2　生长机制

应用气相热蒸法制备纳米 SiO_2 主要有两种机制：气-液-固（VLS）机制和气-固（VS）机制。这两种机制都是制备纳米材料的常用机制。

气-液-固（VLS）机制：早期这一机制是由研究员 Wangner 等人在生长单晶硅须时提出来的。这一机制的发生过程可以明显地表现出来。过程主要是：首先，高温加热作为源材料的硅原子，硅材料预热变为硅蒸气会与空气中的气体分子发生碰撞而损失掉部分运动能量，这使得硅蒸气迅速冷却并在较低的温度区域与衬底上的 Au 颗粒形成溶液滴；其次，随着硅原子不断加入溶液滴中直至达到饱和，最后硅原子饱和析出并按着一定方向有硅纳米线生成。整个 VLS 机制可以总结为三步，如图 1-8 所示。步骤为合金化、成核和沿轴向方向生长。VLS 生长

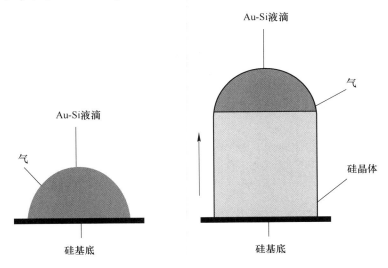

图 1-8　VLS 生长机制不同阶段的生长过程图

机制和 VS 生长机制明显的区别在于 VLS 生长机制一般要求必须有催化剂的参与（如 Fe、Au 等），VLS 生长机制优点是通过使用催化剂能较好地控制一维纳米材料的尺寸。

气-固（VS）机制：VS 机制可以不使用催化剂制备纳米材料，其发生过程与 VLS 机制区别在于：高温条件下形成气态，气体分子在低温区域直接凝聚，这一机制中没有催化剂和源材料形成的液滴参与的过程，当达到临界尺寸时，成核生长。Zhang 等研究人员曾经以 Si 和 SiO 混合粉末作为硅源，采用物理热蒸发法制备出氧化硅纳米线，其生长过程就可以用 VS 生长机制来解释。

2 实验设备与测试方法

2.1 实验设备

2.1.1 高温管式炉

本实验采用的是 YFK60×600/12Q 系列管式电阻炉（上海意丰电炉有限公司）。高温管式炉内部主要是以硅碳棒为加热元件，炉管内最高温度可达 1200℃。可由铂锗热电偶对炉膛内的温度进行测量。其主要工作参数如下：

额定功率：6.0kW；

额定电压：220V；

最高温度：1200℃；

炉膛尺寸：60mm×600mm。

图 2-1 和图 2-2 分别为气相法制备纳米 SiO_2 材料的实验装置图和实物图。图 2-1 中从右往左看，最右边的是氩气瓶（argon gas bomb），其主要作用是为实验提供高纯的氩气以加快沉淀速度和保证样品分布均匀性。氩气瓶上有一个气体流量计（gas flowmeter），其主要作用是控制氩气流速，避免气体流速过大使刚刚升华的二氧化硅颗粒还没来得及沉淀在基片上就被吹走了。氩气瓶的左边为管式炉核心区域，管子为石英管（quartz tube），好的石英管价值几十万元，石英管的主要材质是二氧化硅，要耐高温且坚硬。和石英管配套的还有石英舟（quartz boat），开始实验之前会先把材料和样品在石英舟上放好，编好样品编号并量好样品和材料的距离，记录数据之后再把石英舟平稳地放到石英管高温区间里（high temperature area）。通过电阻加热使得高温区达到 1000℃ 以上，使得源材料由固态变为气态，并通入低流量的氩气带动气态二氧化硅偏离，碰撞，凝聚成型。通入的氩气会经过尾气处理系统，白色的塑料罐里含有稀氢氧化钠溶液，利用反应 $NaOH+SiO_2 \rightarrow Na_2SiO_3+H_2O$ 可以清除尾气中携带的二氧化硅小颗粒，之后玻璃瓶里装半瓶稀盐酸溶液，利用反应 $HCl+NaOH \rightarrow NaCl+H_2O$ 可以防止氢氧化钠外泄。这个装置的外部还配有去离子水装置，用以吸收尾气里携带的氯化氢气体。图 2-1 最左边所示为真空泵（vacuum pump），负责在开始加热之前将石英

管里的空气抽出，之后缓慢通入氩气，再抽取以达到实验所需的超净与低压环境。

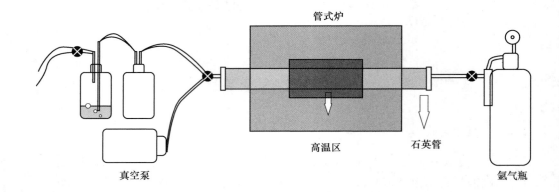

图 2-1 气相法制备纳米 SiO_2 材料的实验装置图

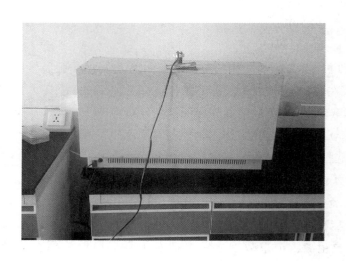

图 2-2 高温管式炉示意图

2.1.2 直联旋片式真空泵

本实验采用的是上海南田真空泵制造有限公司生产的、型号为 2XZ-2 型的真空泵。它的功率为 0.37W，转速为 1400r/min，抽气速率为 2L/s，吸气口径为 25mm，具体结构如图 2-3 所示。

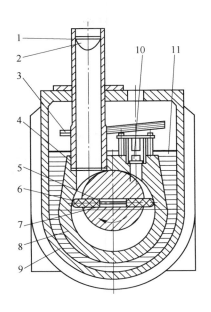

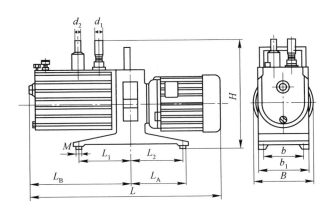

图 2-3 直联旋片式真空泵

1—进气嘴；2—滤网；3—挡油板；4—进气嘴 O 形密封圈；5—旋片弹簧；6—旋片；
7—转子；8—泵身；9—油箱；10—1 号真空管油；11—排气阀门

2.1.3 超声波清洗仪

图 2-4 所示为超声波清洗仪实物图。生产厂家为昆山市超声仪器有限公司，型号为 KQ5200V，电源为 220V 50Hz，工作频率为 40kHz，超声电功率为 200W，清洗容量为 13L。

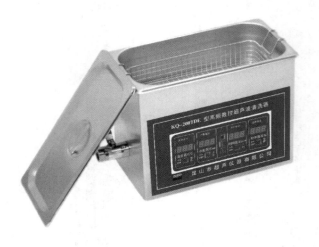

图 2-4　超声波清洗仪

2.1.4　水平电子天平秤

图 2-5 所示为电子天平秤实验图。生产厂家为上海精科天美科学仪器有限公司，工作电压为 AC100~240V，频率为 50Hz/60Hz，额定功率为 12W。

图 2-5　电子天平秤

2.2 实验材料

2.2.1 实验材料及气体

（1）源材料：S 粉末、Si 粉末、SiO 粉末、SiO_2 粉末，粉末纯度都在 99% 以上。

（2）衬底：单面抛光 N 型单晶硅片。

（3）试剂：去离子水。

（4）气体：高纯 Ar 气。

2.2.2 衬底预处理

本实验是采用热蒸法在硅片上生长出纳米 SiO_2 材料，在实验开始之前需要对硅片进行清洗处理。使用的硅片如图 2-6 所示。首先用氢氟酸对基片进行清洗；然后用酒精超声清洗约 20min，之后用去离子水超声清洗 20min 左右；最后，将硅片放置，并进行烘干处理。处理好的衬底放好待用。

图 2-6　抛光硅片

2.3 实验表征与测试

2.3.1 扫描电子显微镜

图 2-7 和图 2-8 分别为扫描电子显微镜（SEM）实物图与结构剖析图。图 2-8

中 1 为镜筒，镜筒里有电子发射源和电子束偏转器，主要用于发射电子和控制电子落点；2 为样品室，样品室里有托盘和透射电子探测器，主要用于放置样品和检测是否存在穿透样品的电子；3 为能量色散光谱仪（energy dispersive X-ray spectrometer，EDX）探测器，主要用于接受样品激发出的 X 射线信号，并根据不同元素激发的 X 射线强度差别进一步分析样品中不同元素的含量；4 为监视器，也就是荧光屏，用于实时显示样品表面的图像和其他一些自己需要的数据变化；5 为电子背散射衍射（electron back scattered diffraction，EBSD）探测器，主要用于分析晶体内规则排列的晶面上产生的"衍射花样"；6 为计算机主机，主要用于分析各种探测器所传回来的数据并将它们传送到显示屏上；7 为按钮，包括开机、待机和关机；8 为底座，底座里有电子发射源和电子束偏转器的控制系统和电源，是整个 SEM 的核心；9 为波长色散谱仪（wavelength dispersion spectrometer，WDS）探测器，主要接收样品内各元素产生的 X 射线，对样品内各元素进行整体含量和大致系统性分析。

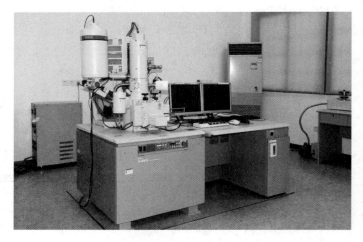

图 2-7　扫描电子显微镜

2.3.2　能谱

能谱（EDX）能够用来分析样品的化学组成，确定各个元素之间的比例关系。

2.3.3　透射电子显微镜和选区电子衍射

透射电子显微镜（TEM）和选区电子衍射（SAED）能够观察到样品生长的结晶状况、表面缺陷、氧化层等精细结构等信息。图 2-9 为透射电子显微镜实物图。

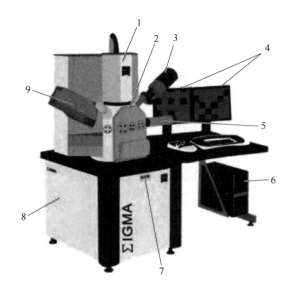

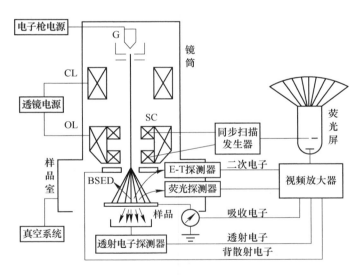

图 2-8　扫描电子显微镜示意图

2.3.4　X 射线衍射谱

　　X 射线衍射谱（XRD）能够精确分析样品宏观晶体的生长方向，为样品的生长以及结晶情况提供重要信息。

　　图 2-10 和图 2-11 分别为 X 射线衍射仪的实物图和示意图。图 2-11a 中，从左往右看依次是管压管流控制器，主要作用是控制电流和电压；之后是高

图 2-9 透射电子显微镜

压变压器，主要作用是放大控制器传出的交变电压信号，被放大的电压会传给 X 射线管，使其发出 X 射线，X 射线会打到样品上发生衍射（图 2-11b），发生衍射之后的 X 射线会到达探测器上，也就是计数管，计数管紧接着发出微弱的电脉冲信号，经过数据处理机处理转化最后在记录仪上显示出结果。因为实验用到了高压，为了不使设备过热损坏在 X 射线管周围存在冷却水循环系统。

图 2-10 X 射线衍射仪

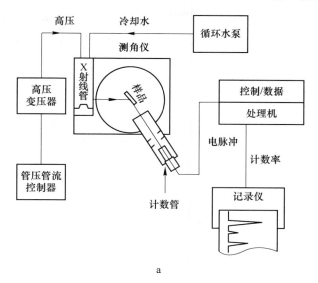

a

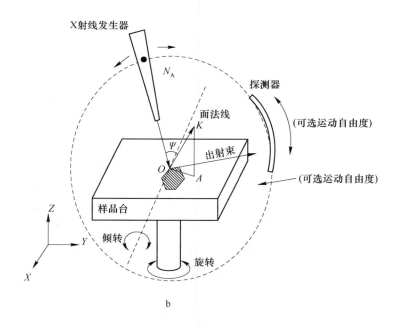

b

图 2-11 X 射线衍射仪内部示意图

2.3.5 拉曼光谱

拉曼（Raman）光谱用来分析样品中的空位、间隙原子、位错等内部晶格情况，为研究样品的量子限域效应和晶格振动提供重要信息。

如图 2-12 所示，拉曼光谱主要依靠对不同样品频率拉曼光谱分析是通过不同入射频率的散射光谱分析样品中的空位、间隙原子、位错等内部晶格条件，从而获得分子振动和旋转信息，并将其应用于分子结构分析的一种方法。分子的简正振动过程中极化率的变化的大小能决定拉曼光谱的谱线强度并且拉曼效应是所有分子的共性，所以可以使用拉曼光谱检测纳米材料的结构特性。因为拉曼效应的普遍性，所以拉曼效应适合所有种类分子的检测。拉曼效应还可保持样品的完整性，其检测样品用的探针不会损坏样品，因为是对分子结构的检测，对样品数量也没有要求。拉曼光谱是纳米材料研究的一大利器，因为对于纳米材料，其结构特征、键合类别、生成制备方法都会对纳米结构造成影响，且研究复杂，而拉曼光谱刚好可以解决这一难题，拉曼光谱可以获取纳米材料的结构信息，可以直观地获取纳米材料的信息，为纳米材料研究提供了重大帮助。

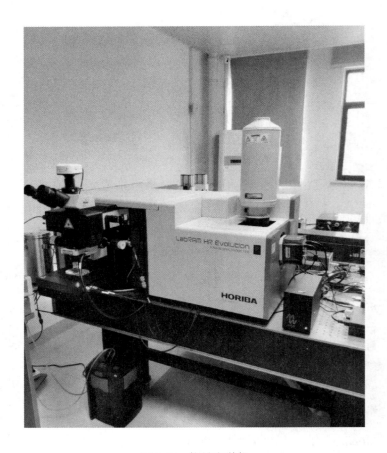

图 2-12　拉曼光谱仪

2.3.6 光致发光光谱

光致发光光谱（PL）用来测定生长样品的光致发光性能，对其发光机理进行深入的研究分析。主要采用 325nm 的 He-Cd 激光源，如图 2-13 所示，其测试的范围达到 1μm，能检测到硅片表面生长的纳米材料。

图 2-13　激光器

2.3.7 紫外-可见吸收光谱

紫外-可见（UV-Vis）吸收光谱主要是利用样品的分子或离子对产生紫外可见光谱的吸收程度进行分析，进而对样品的组成、含量和结构进行推断。本书是在 Lamda750 紫外-可见分光光度计（PerkinElmer Corporation）上记录的紫外-可见吸收光谱，仪器如图 2-14 所示。

图 2-14　紫外-可见光谱仪

3 复合结构二氧化硅低维
材料的制备及性能

3.1 二氧化硅纳米晶体镶嵌非晶二氧化硅纳米线

3.1.1 引言

近年来，一维纳米结构由于其独特的结构、性质和在微电子领域的应用受到了越来越多的关注，SiO_2纳米线作为其中的一员，它在光致发光、透明性绝缘、光波导、光化学和生物医药等领域都具有非常广泛的发展。SiO_2纳米材料存在着各种不同的形貌和性质。目前对这些形貌和性质的研究已经有了显著的进展。本章采用一个简单、大面积兼容的热蒸法来制备 SiO_2 非晶纳米线和 SiO_2 纳米晶体，这种方法操作简单，并且能够有效地控制纳米线的直径和长度，但常常需要引入金属催化剂，因此降低了物理和力学性能。为了避免金属催化剂产生的杂质对性能的影响，使用不环保的 SiH_4、Si 基板或 SiO_2 粉末作为实验中的 Si 源，这对加热温度有较高的要求（一般在 1300℃ 以上）。最近，硫化物辅助模型已被提出用于简单和有效地制备 Si 纳米线。在本章中，在 1000℃ 的加热温度下采用简单廉价的热蒸法成功制备出了 SiO_2 纳米材料。此外，研究显示 SiO_2 的带隙在 $7 \sim 11\text{eV}$ 之间，可以通过改变尺寸或掺杂其他材料使它的带隙减小。从这一点上，会产生是否有可能提升纳米结构的复杂性，并且使 SiO_2 纳米材料的形态和功能更为复杂的想法。最终总结出不同的几何形貌和纳米/分子工程设计将拓宽纳米器件的带隙和功能。

3.1.2 实验

3.1.2.1 实验材料和测试仪器

实验使用 S 粉末（纯度 99.99%）和纳米 Si 粉末（纯度 99.99%）作为源材料。样品收集的衬底为单面抛光 N 型单晶硅片（111）。实验使用丙酮、无水乙醇、去离子水清洗硅衬底。实验中需要有高纯 Ar 气作为保护气体。

硅片上沉积的样品表面形貌是通过配备有能谱 X 射线（EDX）的扫描电子显微镜（SEM，S-4800）检测分析得到的。样品的结构是通过 X 射线衍射仪

（XRD，Rigaku Ultima Ⅳ，Cu Kα 射线）的测量分析得到的，样品的拉曼光谱是通过激发出 532nm 激光线的 LabRam HR 拉曼光谱仪检测分析得到的。而光致发光（PL）谱则是在室温条件下由 325nm 的 He-Cd 激光器的激发检测得到的。

3.1.2.2 SiO₂ 纳米晶体和非晶纳米线的制备

纳米结构的生长是在传统水平管式炉中的石英管内进行的。在实验中，将作为反应源的 Si 纳米粉和 S 粉（纯度 99.99%）按 1∶1 的比例混合均匀后放置于水平管式炉高温区域的石英管内，将作为衬底收集物的多片 N 型 Si（111）片依次放置在距离反应源 10~20cm 的位置处，Si 片的位置位于炉中相对较低的低温区域内。在升温前，通入 20min 的保护气体 Ar 以尽可能排除炉内的杂质气体。之后在 20mL/min 的恒定速率的 Ar 气流下将水平管式炉升温至 1000℃保温 2h，待反应结束恢复室温后才停止 Ar 气的通入。实验结束取出样品发现，有白色海绵状材料沉积在硅衬底表面上。

3.1.3 结果和讨论

3.1.3.1 SiO₂ 纳米晶体和非晶纳米线的结构表征

图 3-1 展现出样品的形貌。从图 3-1a 和 b 观察到，在 950℃的生长温度下由于生长的不均匀有大量的纳米线和纳米晶体同时出现。其中，线的直径在 100~400nm 之间，长度为 0.8~3μm。晶粒的大小为 200~460nm。EDX 谱图显示，纳米线和纳米晶体由 Si 和 O 两种元素组成。其中硅氧比例接近 1∶2，少量的额外氧气可能来自 EDX 技术的测试环境。图 3-1c~e 展示为沉积温度分别在 950℃、960℃、970℃下生长的纳米线的形貌。从图中可以明显地看到，随着生长温度提高，纳米线的直径增大而长度变小。在图 3-1e 中，纳米颗粒分布在整个 Si 衬底的表面，其尺寸在 100~380nm 之间。图 3-1f 为样品的 X 射线衍射图。图中在 21.5°、23.9°和 26.7°的位置上存在的三个峰值可以被索引为晶状 SiO₂，它与菱形的 SiO₂（PDF 号 03-0419）的衍射图案匹配。像这样的"菱形 SiO₂"纳米晶的结构学术上通常称之为 α-石英。除了结晶相外，有一个宽峰在 12.3°~32.1°之间被认定为非晶的 SiO₂。

图 3-2 为纳米线和纳米晶体的 TEM 图和 SAED 图。从图 3-2a 中很清楚地看到，笔直的纳米线具有一个光滑整齐的表面并且分布十分均匀，其中纳米线的直径约为 370nm。对于该纳米线的晶体结构可以从图 3-2a 右上角的 SAED 图内进行分析。图中展示了单一纳米线的一种典型扩散环图案，并没有衍射斑点出现，由

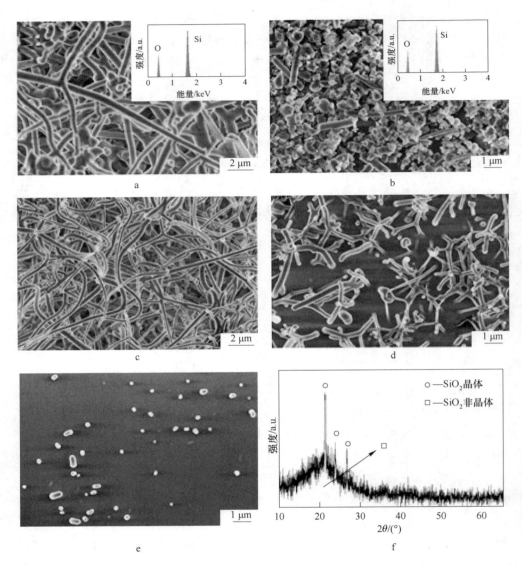

图 3-1 样品的形貌结构

a~c—沉积温度 950℃下样品的 SEM 图；d—沉积温度 960℃下样品的 SEM 图；

e—沉积温度 970℃下样品的 SEM 图；f—样品的 XRD 图

（图 a 和 b 中插图显示相应的 EDX 能谱，一些硅的信号来源于 Si 衬底）

此证明了纳米线为非晶结构。图 3-2b 为团聚较大的纳米颗粒。其中 SAED 图中存在不规则排列的衍射斑点，由此证明出了纳米颗粒是多晶结构。根据上述的观察，可以得出 SiO₂ 非晶纳米线和 SiO₂ 纳米晶体被成功制备出来这一结论。

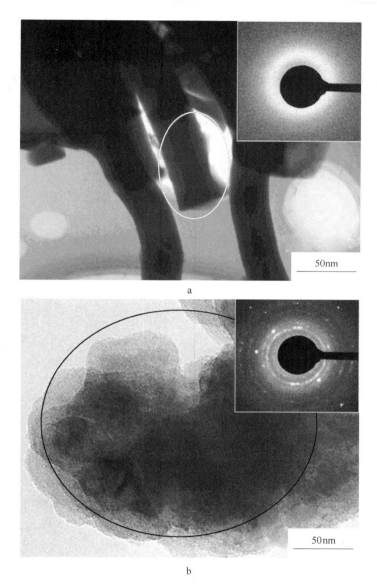

图 3-2　样品的投射形貌图

a—纳米线和纳米晶体的 TEM 图；b—纳米线和纳米晶体的 SAED 图

　　SiO_2 纳米线和纳米颗粒的 Raman 光谱如图 3-3 所示。在 $521cm^{-1}$ 处存在唯一峰对应于 Si 衬底，曾有相关报道提到过非晶 Si，Si 纳米晶体或 Si 纳米线中的 Si-Si 带的信号通常在 $480 \sim 510.5cm^{-1}$ 的范围内。但在图中并未发现有这一范围的峰值存在，由此表明产物很可能被氧化。图 3-4b 是在较大面积的纳米线上扫描出的 EDX 谱图。由测试发现 Si 与 O 的含量比接近 1∶2。通过 Raman 测试，以及通过上述 TEM 结果显示，除了 SiO$_2$ 非晶纳米线之外，纳米颗粒本质上是多晶结构。XRD 结果显示，合成的晶体为 SiO$_2$ 的菱面体结构。因此，可以合理地得出结论，在 Si 衬底上生长的产物为 SiO$_2$ 非晶纳米线和纳米晶。非晶/纳米晶 Si 纳米颗粒不出现在产物中。

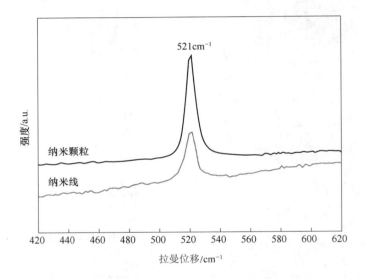

图 3-3　合成的 SiO$_2$ 纳米线和纳米颗粒的 Raman 光谱

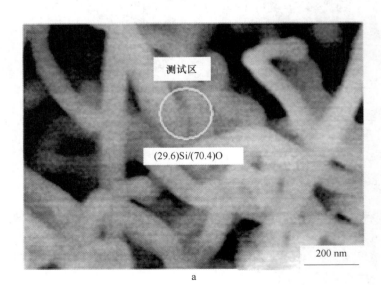

a

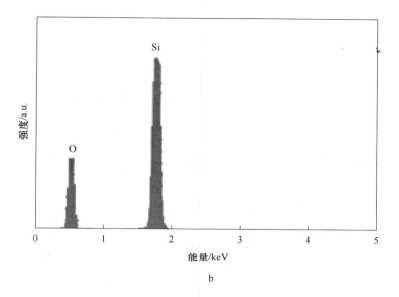

图 3-4　样品的能谱图

a—所合成的纳米线的 SEM 图；b—EDX 能谱和主要元素（Si 和 O）含量

3.1.3.2　SiO_2 纳米晶体和非晶纳米线的生长机理

众所周知，纳米线的生长基于气-固（VS）或气-液-固机制（VLS）。不同于 VLS 机制，实验遵循 VS 机制，在整个反应源中并没有引入金属催化剂，因此避免了金属污染。此外，S 辅助生长方法过去常常用来制备 Si 纳米线。曾有文献报道，S 粉与 Si 片在较低的温度下（约 900℃）反应生成硫化硅（SiS），当温度升至 1000℃ 以上后，有 Si 纳米线从 SiS 中析出并按照一定的方向生长成为纳米线，SiS 位于 Si 纳米线的尖端处。可以说 SiS 作为成核中心在协助生长过程中起着重要的作用。在实验研究中，在 Ar 气流条件下 Si 粉末和 S 粉末在较低的温度下热蒸发制备出 SiO_2 ANW 和 NC。图 3-5 展示的是通过 EDX 测量出纳米线不同位置处的 Si/O 的含量比值。由于使用的是 Si 衬底，因此 Si 含量通常比较高。从图中的测试发现，纳米线顶部的 O 含量略高于中间位置。根据 SEM 结果显示（图 3-1 c~e）纳米线的长度随着生长温度的降低而增加。这可能表明纳米线是在径向方向上增长。成核中心位于纳米线的尖端。反应过程中的颗粒产生和氧化伴随着 O 的增加。因此，纳米线顶部的高氧含量对应于纳米线的顶部生长机制。硫化物辅助模型同样适用于本书。反应方程如下：

$$S(s) + Si(s) \longrightarrow SiS(g) \tag{3-1}$$

$$SiS(g) \longrightarrow Si(g) + SiS_2(g) \tag{3-2}$$

$$Si(g) + O_2(g) \longrightarrow SiO_2(s) \tag{3-3}$$

$$SiS_2(g) + H_2O(g) \longrightarrow SiO_2(s) + H_2S(g) \tag{3-4}$$

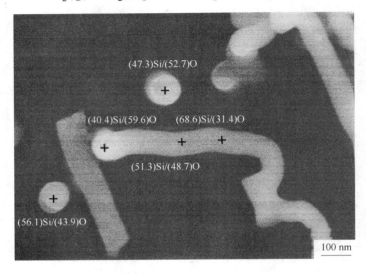

图 3-5　纳米线和纳米晶体的 SEM 图和在不同位置处测量的主要元素（Si 和 O）含量

在整个实验中，使用 Si 粉代替 Si 片作为反应物，硅片仅仅起到收集样品的作用。式（3-4）中，虽通有 Ar 气但真空度不高，管式炉内依然存在少量的 O_2 和水分存在，因此 SiS_2 很容易和水分发生反应，生成的 H_2S 气体随着载气的流动方向排出，而生成 SiO_2 沉积在低温区的硅片上。

SEM 图展现出了不同的温度和不同的生长区域上沉积的 SiO_2 的形貌和尺寸都不同。在高温区，蒸汽压较高易于成核。当温度降低，蒸汽压随之降低，这可能会导致纳米线和纳米晶体成长更快一点。纳米线和纳米晶体具体的生长过程如图 3-6 所示。整个的生长过程基于 VS 生长机制。

● SiO_2纳米晶(NC)

▬ SiO_2非晶纳米线(ANW)

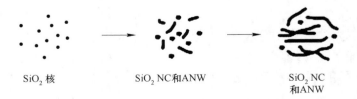

SiO_2 核　　　　　　SiO_2 NC和ANW　　　　　　SiO_2 NC和ANW

图 3-6　SiO_2 纳米晶体和 SiO_2 非晶纳米线的生长过程

3.1.3.3 SiO₂纳米晶体和非晶纳米线的光学性能测试

SiO₂纳米结构的 UV-Vis 光谱从 Lamda750 紫外-可见分光光度计获得。测量整个样品（沉积在 Si 衬底上的 SiO₂纳米结构）的反射光谱并转换成吸收光谱，然后将其转换成禁带。图 3-7 所示为 SiO₂纳米结构的吸收光谱。如图 3-7 所示，有几个宽的吸收峰。采用一个经典 Tauc 方法来估算半导体光学能带隙：$\alpha E_p = K(E_p - E_g)^{1/2}$（其中，$\alpha$ 是吸收系数，K 是常数，E_p 是离散能量，E_g 是带隙能量）。如图 3-7 所示，通过 $(\alpha E_p)^2$ 对应 E_p 得出最佳的线性关系，得出在 $\alpha = 0$ 处 E_p 的外推值（到 x 轴的直线）分别为 3.25eV 和 4.15eV。299nm（4.15eV）的光学吸收带很可能与 SiO₂内部氧空位有关，光谱中的 381nm（3.25eV）的光学吸

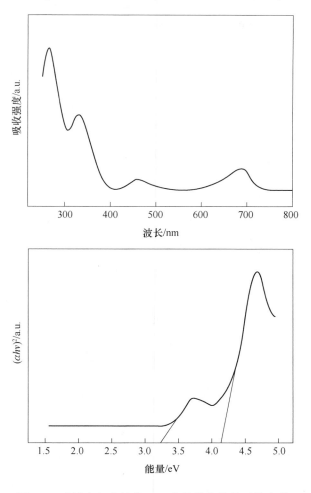

图 3-7　硅衬底上生长的 SiO₂非晶纳米线的吸收光谱

收带很可能与非晶 SiO_2 氧缺陷有关联。另外，吸收光谱中约在 461nm （2.69eV）和 682nm （1.82eV）处的弱吸收峰可归因于氧缺陷中心 （DOC）和非桥氧空穴中心 （NBOHC）。

图 3-8 是在 325nm 的紫外激发下产生的 SiO_2 纳米结构的 PL 谱图。从图中能清晰看到，发光主要集中在小于 700nm 的区域内，并没有发现红外发射。图中有 4 个发光峰分别位于 625nm （1.98eV）、568nm （2.18eV）、435nm （2.85eV）和 358nm （3.46eV）的位置上。这些发光峰绝大多数很可能归结为结构缺陷中的氧缺陷作为 SiO_2 纳米线的复合中心。在实验中，纳米结构生长在常规水平管式炉中的石英工作管内。在加热之前，整个炉用非常纯的氩气彻底吹扫 20min 以除去炉内的残留气体。因此，当在缺氧环境中沉积时，氧空位在 SiO_2 纳米结构中固有地形成。经与文献对比，在 625nm （1.98eV）PL 峰很可能归结为非桥氧空穴中心 （NBOHC）。在 568nm、435nm 和 358nm 的 PL 峰也已经在其他文献中找到，它们的确切来源需要日后进一步研究。

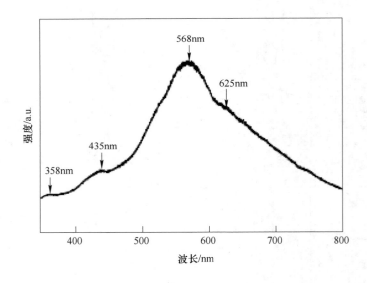

图 3-8　SiO_2 非晶纳米线的 PL 光谱

3.1.4　小结

SiO_2 非晶纳米线和 SiO_2 纳米晶体通过热蒸发的方法合成得到。该结果表明不同的沉积温度和蒸汽压下得到的样品结构和形貌不同。SiO_2 纳米线的生长与硅纳米线的生长相似，并且基于 VS 机理控制。此外，观察光发射和吸收峰后发现，它们并不同于 Si-O 的传统材料。样品的发光主要归因于 SiO_2 内部氧空位、氧缺陷以及非桥氧空穴中心。纳米线的生产过程简单、成本低，因此其在纳米电子和光学器件方面具有一定的应用潜力。

3.2 Si 纳米晶嵌入对二氧化硅纳米网状发光性能的影响

3.2.1 引言

Si-O 纳米晶材料的首次报道不仅来源于高效发光体等潜在应用，同时也来源于硅基电子：光电子吸收器、光电探测器和存储器件。近年来，由于优异的太阳能透明性和绝缘性，使得 SiO_2 材料的各种结构被广泛地研究，特别是多孔结构，其被用作混合纳米结构的一种理想模板。由大孔绝缘结构的纳米尺寸的颗粒或线所组成的多孔 SiO_2 纳米网络，其在微电子、光电子或半导体设备等方面都有应用。本书制备的不同形貌的纳米 SiO_2 主要采用的是热蒸发方法，它与其他方法相比操作简单，能够生产出高效率的器件。对于使用这种方法生长的 SiO_2 纳米结构无论是高温生长（＞1300℃）或催化剂在以前的报告中都曾使用过。此外，SiO_2 的带隙在 7~11eV 之间，它可以通过改变尺寸或掺杂其他材料来使带隙减小。根据这一点，如何提高纳米结构的复杂性并使其成为具有更多样的形态和功能的 SiO_2 纳米材料已经成为关注的焦点。不同的几何形状和纳米尺度/分子工程将扩展纳米结构器件的带隙和功能。本实验中，有 Si 纳米晶体嵌入在 SiO_2 纳米网络中，与传统的 SiO_2 纳米材料不同，嵌入 Si 纳米晶体的 SiO_2 纳米网络在 700nm 以上显示出更宽的发光范围。

3.2.2 实验

3.2.2.1 实验材料

实验使用 S 粉末（纯度 99.99%）和 SiO_2 粉末（纯度 99.99%）作为源材料。样品收集的衬底为单面抛光 N 型单晶硅片（111）。实验使用丙酮、无水乙醇、去离子水清洗硅衬底。实验中需要有高纯 Ar 气作为保护气体。

3.2.2.2 SiO_2 纳米网络结构的制备

实验在水平管式炉中进行。反应源 S 粉和 SiO_2 细粉末（质量比 1∶1）被放置在管式炉内的一个单端封闭的石英管上，位于管式炉高温区域。Si 片在实验中被用作衬底依次放置在离反应源一定距离的位置上，位于管式炉低温区域。实验准备结束后，将炉子加热至 1000℃保温 2h，以 20mL/min 速度恒定通入 Ar 气，待实验结束后将体系冷却至室温，取出样品发现有白色网状结构沉积在衬底上。

在本节中，使用一个简单、高效和成本低廉的方法在氩气流条件下制备出

SiO$_2$ 纳米网状结构。产物通过 X 射线衍射（XRD）、扫描电子显微镜（SEM）、能量色散 X 射线分析（EDX）和拉曼散射光谱（Raman）等测试进行研究。此外，通过用于光学应用的紫外-可见（UV-Vis）吸收光谱和光致发光光谱（PL）检测了沉积的样品的光学性质。得出大规模的纳米网络生长在硅衬底上，通过嵌入 Si 纳米晶体显示出独特的光学性能的结论。

3.2.3 结果和讨论

3.2.3.1 SiO$_2$ 纳米网状结构的结构表征

图 3-9 展示了合成的纳米结构的典型 SEM 图和 EDX 谱。其中图 3-9a 和 b 是样品的低倍放大 SEM 图，该样品由网状纳米结构组成。图 3-9c 是纳米网的高倍率的 SEM 图。它们是由直径小于 10nm 的许多小纳米颗粒组成的。图 3-9d 是纳米网的 EDX 图，从图中能够清楚地看到纳米网由 Si、O 两种元素组成。样品的

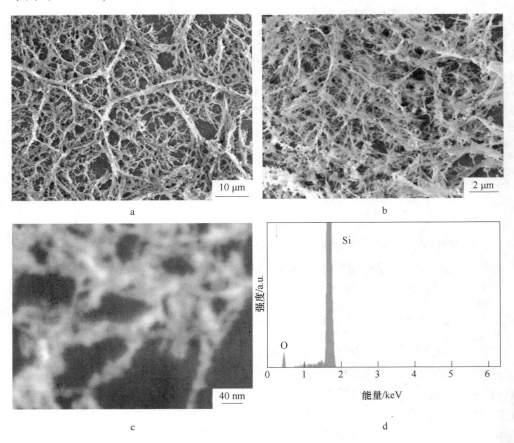

图 3-9 SiO$_2$ 纳米网状结构的 SEM 图（a~c）和 EDX 谱图（d）

XRD 图如图 3-10 所示。从图 3-10 中可以看出，XRD 峰在 $2\theta = 25.7°$ 和 $28.4°$ 对应的晶面分别为 （130） 和 （002）。经 PDF 比对卡认证，SiO_2 纳米网为单斜结构（JCPDS NO. 76-1805），它的空间群为 C2/c（15），晶胞参数为 $a = 7.17nm$ 和 $b = 12.38nm$。

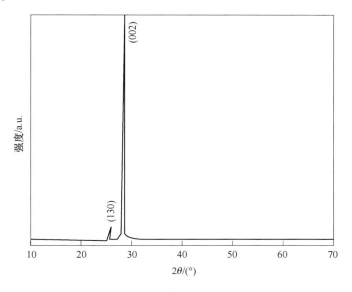

图 3-10 SiO_2 纳米网状结构的 XRD 图

样品的 Raman 光谱展示于图 3-11 中。图中在 302cm^{-1}、432cm^{-1}、485cm^{-1}、520cm^{-1}、945~985cm^{-1} 的位置上的峰分别归属于 Si 和 SiO_2 峰。其中在 520cm^{-1}、302cm^{-1} 和 970cm^{-1} 的带分别归属于 Si 晶片的一阶光学声子，两个横向声学（2TA）声子和两个横向光学（2TO）声子。据报道 432cm^{-1} 峰是来自 SiO_2 的强偏振带，而在 1000~950cm^{-1} 的带与 SiO_2 的对称硅-氧拉伸运动相关。在该范围内，972cm^{-1} 和 964cm^{-1} 的带也被报道与 Si—O—Si 键的对称拉伸和表面声子模式（SPM）相关。此外，先前对 SiO_2 纳米结构的研究报道，在 520cm^{-1} 峰的低频处的附加散射指向形成 Si 纳米晶体，特别是在 SiO_2 纳米结构中。因此，在 485cm^{-1} 处的能带可以与在 SiO_2 纳米网络结构的制造过程中的少量 Si 纳米晶体相关联。根据 XRD、SEM（包括 EDX）和 Raman 光谱的结果证明所获得的纳米网络由具有单斜晶体结构的约 10nm 尺寸的小 SiO_2 纳米颗粒组成，并且存在少量的 Si 纳米晶体嵌入在网络结构中。

3.2.3.2 SiO_2 纳米网状结构的生长机理

SiO_2 纳米网状结构是使用 S 和 SiO_2 的混合粉末在 1000℃ 的条件下热蒸发得到

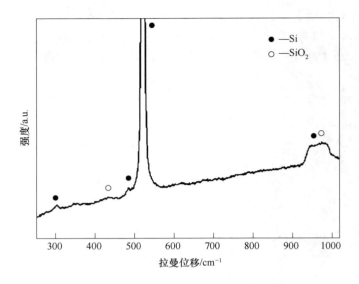

图 3-11　SiO_2 纳米网状结构的 Raman 图

的。图 3-12 是 SiO_2 纳米网状结构的高倍镜 SEM 图，由图中能够很明显地看出这种纳米网状结构是纳米线交集连接在一起的。制备 SiO_2 纳米网的实验操作中，反应源细粉放置在管式炉中心位置，多个硅片衬底放置在距离细粉一定距离的低温区域内。当将工艺参数（温度、时间、原料质量、气体流量）调整合适后，SiO_2纳米线将会以均匀的速率向四周生长，由图 3-12 就可以看到纳米线组成的纳米

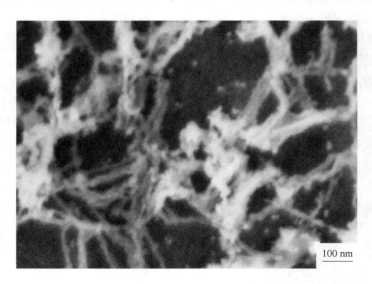

图 3-12　SiO_2 纳米网状结构的 SEM 图

网均匀分布，往往沿轴向生长。当两根或多条纳米线的端部交叠在一起时，其端部自身的缺陷使得纳米线很容易连接，之后新的纳米线从连接点处继续生长，因此形成了纳米网状结构。

3.2.3.3 SiO₂ 纳米网状结构的光学性能测试

图 3-13 是 SiO₂ 纳米网状结构的紫外吸收光谱。如该图所示，有一个宽吸收峰在 290~380nm 范围之内。采用经典的 Tauc 算法来估算 SiO₂ 纳米网的光学能带隙。应用下列公式：$\alpha E_p = K(E_p - E_g)^{1/2}$（其中，$\alpha$ 是吸收系数，K 是常数，E_p 是离散能量，E_g 是带隙能量）。通过绘制 $(\alpha E_p)^2$ 对应 E_p 线性关系，在 $\alpha = 0$（直线的 x 轴）得到吸收带为 4.03eV。Raman 测试发现有少量 Si 存在，这个 307nm

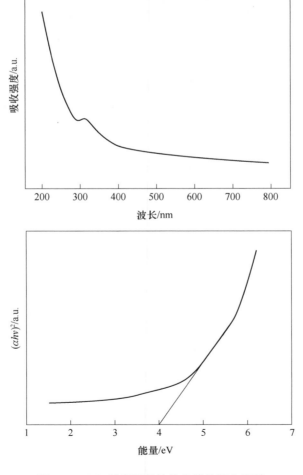

图 3-13 SiO₂ 纳米网状结构的紫外吸收光谱

（4.03eV）的吸收带的出现存在两种可能，第一种可能归结为 SiO$_2$ 内部氧空位；第二种可能归结为 Si，曾有报道硅纳米晶在 3.4~4.4eV 为间接带隙吸收。因此，从这一吸收峰峰位判断很有可能出现 SiO$_2$ 和 Si 的混合体。

图 3-14 显示了在室温下由来自 He-Cd 激光器的 325nm UV 光激发得到的 SiO$_2$ 纳米网络 PL 光谱。SiO$_2$ 纳米网络表现出强烈的发光。如图 3-14 所示，光谱在 UV 区 357nm（3.47eV）展现出一个窄峰，而在可见区域 580~680nm 之间的约 640nm 处展现宽发射中心。以前曾有报道研究过，SiO$_2$ 玻璃在 7.9eV 光学激发下，有几个不同的峰出现在 1.9~4.3eV 区间范围内。这些发射峰大多数可以归因于 SiO$_2$ 纳米结构缺陷中的氧缺陷，可以充当辐射复合中心。其中，1.9eV（653nm）的谱带是归因于非桥键氧空穴中心（NBOHC）。由此在实验中出现的可见区域的宽带可能归因于 SiO$_2$ 纳米网络中的氧缺乏，包括 NBOHC。此外，与以前对其他 SiO$_2$ 纳米结构的研究结果相比，嵌入 Si 纳米晶体的 SiO$_2$ 纳米网络结构显示出延伸到 700nm 以上的不寻常的宽发光面积。根据前一份报告，SiO$_2$ 中红色和靠近红外范围的 PL 可能与 SiO$_2$ 中少量的 Si 纳米团簇有关。结合拉曼测试证明，Si 纳米晶体确实存在于 SiO$_2$ 网络结构中。因此，在大于 700nm 的位置可能与 SiO$_2$ 纳米网络中的 Si 纳米晶体相关联，并且在该带中的发射 PL 的机理常解释为量子限制效应。文献也观察到在 357nm 处的 PL 发射，应进一步研究其确切来源。

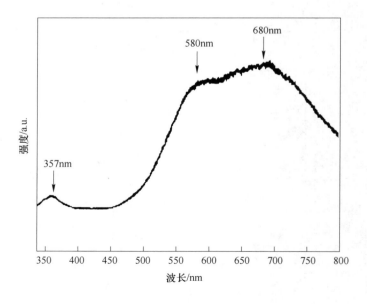

图 3-14   SiO$_2$ 纳米网状结构的 PL 图

3.2.4　小结

利用热蒸发技术，在硅衬底上大范围合成 SiO_2 纳米网络。整个实验将 S 和 SiO_2 混合粉末作为源材料，没有引入金属催化剂。详细的结构表征表明，10nm 大小的纳米粒子构成具有单斜晶体结构的 SiO_2 纳米网络。X 射线衍射和 Raman 结果证实，生长的纳米网络具有单斜结构，并且在 SiO_2 纳米网络结构的制备过程中有少量的 Si 纳米晶体。嵌入在 SiO_2 纳米网中的 Si 纳米晶对光学性能有很大的影响，UV 和 PL 结果表明 SiO_2 纳米网络产品具有优异的光学性能。不同于传统的 SiO_2 纳米材料，嵌入 Si 纳米晶体的 SiO_2 纳米网络结构展现出延伸到 700nm 以上的不寻常的宽发光范围。可以说 SiO_2 纳米网络在集成化组装纳米级装置、光电和半导体器件方面有许多新颖的功能。

3.3　非晶态二氧化硅包覆的平行超细二氧化硅纳米线

3.3.1　引言

近年来，一维纳米材料由于在光致发光、透明绝缘、光波导、光化学和生物医学领域的应用而备受关注。其中，SiO_2 微米/纳米线作为一种常见的一维微纳米材料，在这些领域中具有非常广阔的视野。在过去的十年中，Si 基 SiO_2 纳米/微米材料由于其独特的结构、独特的性质在微电子领域中也备受关注。Si 基纳米 SiO_2 结构的发展是应用领域的一个重要研究课题。研究具有多种外观和性能的 SiO_2 纳米线的已经取得了显著进展。本章选用的热蒸发方法是一种简单的大面积兼容方法，通常用于合成 Si 基纳米材料。该方法可以独立地控制结构和尺寸，该方法还有助于定性地研究纳米材料的光学性质。本章没有使用金属催化剂，金属催化剂的掺杂和引入可能会降低材料的物理和力学性能。目前，生长在 Si 片上的平行 SiO_2 微米线的研究很少，对一维纳米材料光学性质的研究和样品表面结构对于 Si 纳米材料改进形态和功能具有重要意义。

在本实验的工作中，在通有氩气流条件下，以 SiO 粉末为源材料利用热蒸发的方法成功地合成了嵌入 Si 的平行 SiO_2 微米线。通过扫描电子显微镜（SEM）、电子能量色散 X 射线（EDX）、X 射线粉末衍射（XRD）和拉曼光谱（RS）表征产物。结果表明 SiO_2 微米线具有六方结构，并且在制造过程中合成了少量的非晶 Si。嵌入 Si 的平行 SiO_2 微米线的生长很可能在载气的流速和方向的影响下由 VS 机制控制。另外，产品的光学性质通过光致发光（PL）光谱进行分析。

3.3.2 实验

3.3.2.1 实验材料和测试仪器

实验使用 SiO 粉末（纯度 99.99%）作为源材料。衬底为 N 型单晶硅片（111）。衬底硅片需要使用丙酮、无水乙醇、去离子水三种液体分别处理。整个实验过程通有 Ar 作为保护气体。

需要用到的测试仪器：扫描电子显微镜（SEM）、X 射线衍射仪（XRD）、拉曼光谱仪（RS）。PL 光谱则是在常温条件下由波长 325nm 的 He-Cd 激光器的激发检测得到的。

3.3.2.2 平行 SiO_2 微/纳米线的制备

平行 SiO_2 微米线的生长是在石英管中真空环境下进行的。用丙酮超声波对衬底 Si 片进行预处理，然后用等离子水清洗。清洗两端开口的大石英管和一端开口的小石英管，将高纯度的 SiO 粉末置于一端开口的小石英管中，在石英小管的一端放置衬底 Si 片并将小石英管插入水平管式加热炉内的大石英管中，抽真空并通入保护气体，加热中心温度为 1160℃。反应温度升至 1160℃，保持 2h。

3.3.3 结果和讨论

3.3.3.1 平行 SiO_2 微米线的结构表征

图 3-15 为 1150℃下得到的基底 SEM 图。

1 μm

图 3-15 在 1150℃下收集的基底 SEM 图

图 3-16a~c 显示了在 1150℃ 的生长温度下合成的样品的形态。图中展示出了平行微米线，其直径为 200~500nm 且长度大于 20μm。所获得的微米线在硅片表面上以相同的方向均匀生长，并且微米线的表面是光滑的。平行微米线结构的化学组成由 EDX 表征，如图 3-16d 所示，并且仅可见 Si 和 O 的信号。

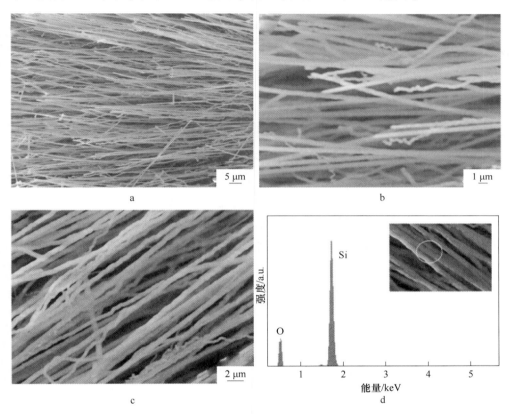

图 3-16　在 1150℃ 下收集的平行 SiO_2 微米线

a—全貌图；b，c—局部放大图；d—对应的 EDX 能谱图像

图 3-17 所示为合成的平行微米线样品的 XRD 图。在该图谱中，21.3°、23.6°、26.4° 和 35.7° 处的衍射峰可以很好地指向晶体 SiO_2，其与 SiO_2 的六方相的衍射图案相匹配（PDF No. 03-0419）。除了晶相之外，在图案中还发现了 14°~30° 的宽峰，可以确定为无定形 SiO_2。

平行生长的 SiO_2 微米线的拉曼光谱如图 3-18 所示。图中展示出了位置在 $336cm^{-1}$、$480cm^{-1}$ 和 $518cm^{-1}$ 的拉曼光谱峰。以 $336cm^{-1}$ 为中心的宽峰范围为 $320~355cm^{-1}$。$320cm^{-1}$ 附近的拉曼振动为 O—O 相互作用。$355cm^{-1}$ 附近的振动峰是典型的 SiO_2 振动，这归因于 SiO_2 的 A_1 振动。先前对 Si 基纳米材料的研究报道中得

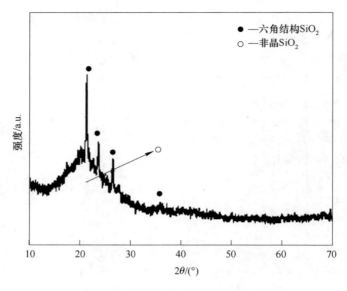

图 3-17 平行生长的微米线 XRD 图

知，$480cm^{-1}$ 峰周围的散射指向非晶 Si 杂质的形成，特别是在 SiO_2 纳米结构中更易出现。因此，$480cm^{-1}$ 的波段可能与在平行 SiO_2 微米线的制备过程中合成的少量 Si 纳米晶体有关。$518cm^{-1}$ 的拉曼峰分配给来自众所周知的基底 Si 振动带。根据 XRD、SEM（包括 EDX）和拉曼光谱的结果，证明了通过热蒸发法合成的是在衬底 Si 生长的平行 SiO_2 微米线。

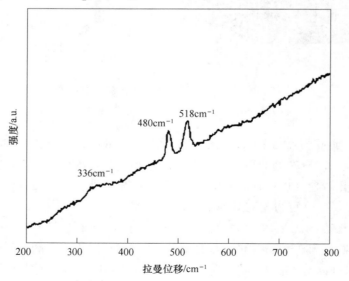

图 3-18 平行生长的微米线 Raman 散射光谱图

3.3.3.2 平行 SiO_2 微米线的生长机理

通常，通过热蒸发法制备的微米线的主要生长机制包括气-液-固（VLS）机制、气-固（VS）机制、氧化物辅助生长和硫化物辅助生长。在本章的整个实验过程，没有使用金属催化剂。根据 SEM 结果显示，平行微米线的顶端没有其他形态。根据文献报道，纳米线顶端未发现小液滴现象，其生长机制可能是遵循 VS 生长机制。具体的生长过程如下：当管式炉中心温度升至 1150℃ 时，SiO 粉末源气化并与石英管中残留的 O_2 反应形成气态 SiO_x（x 在 1~2 范围内）和 SiO_2。气态 SiO_x 可以分解成气态 SiO_2 和 Si。气态 SiO_2 和 Si 在载气的作用下一起移动到较低温度区域（1140℃），然后在过饱和蒸气压的作用下沉积在基板上。结果表明，在 Si 衬底上合成的 SiO_2 纳米结构中存在 Si 团簇。反应方程式如下：

$$SiO(g) + O_2(g) \longrightarrow SiO_x(g) + SiO_2(s) \tag{3-5}$$

$$SiO_x(g) \longrightarrow SiO_2(s) + Si(s) \tag{3-6}$$

在实验中，调整了载气的流量和方向，发现只有当流速沿石英管方向并且流速为 90mL/min 时才能产生平行的微米线。所以在样品生长期间，只有在载气的流速和方向的影响下，且在没有催化剂的情况下才能产生平行微米线，并遵循 VS 生长机制。微米线由纳米颗粒沿特定方向生成，如图 3-19 所示。

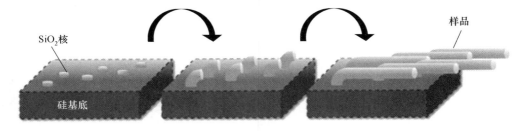

图 3-19　没有催化剂生长的嵌入 Si 片的平行 SiO_2 微米线的生长过程

3.3.3.3 平行 SiO_2 微米线的 PL 测试

图 3-20 显示了平行 SiO_2 微米线的 PL 光谱，其在室温下由 532nm 的激光激发。SiO_2 微米线在 Si 衬底上表现出强烈的发光，并且可以发现从绿色发光带到红色发光带的宽范围。较宽的发射主要由以 2.1eV（588nm）和 1.9eV（636nm）为中心的两个宽峰主导。对于 Si 或 Ge 注入的样品，报告了从注入样品到 2.1eV 的类似发光，峰值位于 2.1eV 与基于量子限制模型的理论计算一致。接近 1.9eV 的 PL 波段可能是由非桥氧空穴中心（NBOHC）引起的，这和 Yang 等人报道的 SiO_2 纳米线光致发光图谱（图 3-21）接近。其光谱中在 625nm（1.98eV）、

568nm（2.18eV）、435nm（2.85eV）和358nm（3.46eV）处存在宽峰。Yang等人认为这些峰出现的原因绝大部分可能与SiO₂纳米线的辐射复合中心与氧缺乏相关结构缺陷有关，其中625nm（1.98eV）的宽峰可归因于非桥氧空穴中心（NBOHC）。

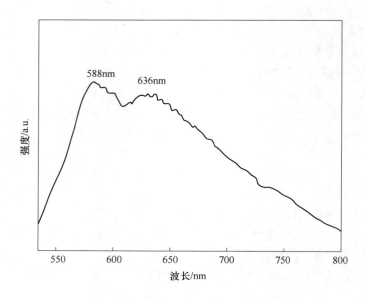

图 3-20　平行 SiO₂ 微米线的 PL 光谱

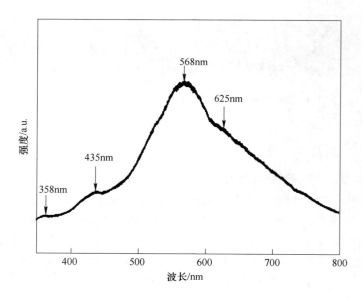

图 3-21　Yang 等人报道的 SiO₂ 纳米线光致发光图谱

3.3.4 小结

在氩气流条件下，以 SiO 粉末为源材料利用热蒸发的非催化方法成功地合成平行 SiO$_2$ 微米线。详细的结构表征证实，所获得的平行 SiO$_2$ 微米线具有六方结构，并且在制备过程中合成了少量的非晶 Si。平行 SiO$_2$ 微米线的生长很可能在载气的流速和方向的影响下由 VS 机制控制。光致发光结果表明，Si 嵌入的平行 SiO$_2$ 微米线产品具有独特的光学性质。与传统的普通 SiO$_2$ 纳米材料不同，嵌入非晶 Si 团簇的平行 SiO$_2$ 微米线显示出以 2.1eV（588nm）为中心的宽发射，这归因于量子限制效应。平行 SiO$_2$ 微米线可以用作构建具有新功能的纳米级器件，例如光电子和半导体器件。

3.4 二氧化硅纳米线/纳米颗粒复合结构的制备及光致发光性能研究

3.4.1 引言

SiO$_2$ 具有良好的电绝缘性和优异的可见光透光性，作为重要的光致发光材料和波导材料一直以来备受关注。SiO$_2$ 纳米颗粒是一种新型纳米材料，在建筑、化工、医药、航空航天特制品以及光学器件上都有重要应用。近年来，一维纳米结构材料因其具有独特的光、电、磁和光催化等物化特性，引起了人们的广泛关注。SiO$_2$ 纳米线是一种新型的一维纳米材料，其卓越的体积效应、量子尺寸效应、宏观量子隧道效应等，使其不仅具备纳米粒子所特有的性质，而且作为典型一维纳米材料在橡胶、塑料、纤维、涂料、光化学和生物医学等领域都具有广泛的应用前景。由此，SiO$_2$ 纳米线/纳米颗粒复合结构的工艺开发是一项在应用领域具有重要意义的研究课题。热蒸发法作为一种针对纳米材料常用的制备方法，被广泛应用于 Si 基纳米材料的合成领域。浙江大学杨德仁教授研究团队、复旦大学邵丙铣教授以及苏州大学邵名望教授研究组分别利用化学气相沉积等方法生长一维 Si 基纳米材料，并对其生长机制以及光学、电学和磁学等性能进行研究，已经取得具有国内外先进水平的研究成果。而目前在国内外关于 Si 基纳米材料中，对 SiO$_2$ 纳米线/纳米颗粒复合结构的研究较少。人们希望对一维 Si 基纳米结构进行进一步修饰，致力于得到性能同等或更换的物化功能材料。本节利用热蒸发法制备了非晶 SiO$_2$ 纳米线、微米颗粒及纳米线/纳米颗粒复合结构，其中非晶 SiO$_2$ 纳米颗粒附着在非晶 SiO$_2$ 纳米线表面。利用 SEM、EDX、XRD、Raman、PL 等技术手段对样品的结构和性能进行表征测试，发现在生长温度不同的沉积区域，得到产品的形貌和结构均不同，分析了 SiO$_2$ 纳米线、微米颗粒及纳米线/纳米颗粒复合结构的生长机制。对 SiO_2 纳米线/纳米颗粒复合结构的光学性能测试表明复合结构的发光性能与 Si 基底不同，发光区主要集中在黄绿光范围。

3.4.2 实验

3.4.2.1 样品的制备

利用一台水平管式加热炉，炉内腔体为一两端开口的大石英管。使 SiO 纳米粉作为反应源放入一个一端开口的小石英管底部，使用 Si 片作为衬底一同放置在小石英管内，然后将小石英管放置在水平管式炉的石英腔内，调整反应源和衬底的位置，使反应源位置处于管式炉高温区域，衬底处于相对低温区域。在加热前，先在系统内沿小石英管开口方向通入流量为 20mL/min 的氩气以排除反应系统内的空气杂质，然后使管式炉加温至 1150℃ 并保温 2h，待系统在氩气环境下冷却至室温后，发现有白色絮状物生长在 Si 衬底上。

3.4.2.2 样品的测试与表征

利用型号 S-4800 扫描电子显微镜配以 EDX 能谱分析测试样品的形貌和成分含量。利用 Rigaku Ultima Ⅳ 型号 X 射线衍射仪对样品的结构进行表征。利用 LabRAM HR Evolution 拉曼光谱仪配以 532nm 波长激光器对样品 Raman 光谱和 PL 光谱进行测试分析。以上所有测试均在常温常压下进行。

3.4.3 结果和讨论

3.4.3.1 生长温度对产物形貌和结构的影响

图 3-22 所示为热蒸发法制备 SiO_2 纳米材料的 SEM 图。图 3-22a 和 b 为生长温度 1140℃ 所得到的样品，样品为直径范围为 $0.5 \sim 2\mu m$ 的微米颗粒，颗粒表面较为光滑。图 3-22c 和 d 为生长温度为 1135℃ 所得到的样品，可以发现生长样品为在纳米线表面附着纳米颗粒，即纳米颗粒/纳米线复合结构，其中纳米线的直径范围为 $0.1 \sim 3\mu m$，长度大于 $20\mu m$，纳米颗粒的直径范围为 $0.1 \sim 1\mu m$。图 3-22c 右上角插图为生长的纳米颗粒/纳米线复合结构的 EDX 能谱图，可以看出生长样品主要包含 Si 和 O 元素，Si 和 O 的元素比接近 1:2。图 3-22e 和 f 为生长温度为 1130℃ 所得到的样品。此温度下得到的样品多为纳米线，纳米线的直径小于 $1\mu m$，最小可达到 $0.1\mu m$，长度大于 $20\mu m$。对图 3-22a 和 e 中的纳米材料进行 EDX 能谱测试，结果与图 3-22c 中结果相似。由此可看出实验中使用热蒸发法制备的样品为 SiO_2 微米颗粒、纳米线及纳米颗粒/纳米线复合结构，随着生长温

度不同，样品的形貌和结构有所差别，在生长温度相对较高（1140℃）的区域，样品为 SiO_2 微米颗粒，在生长温度相对较低（1130℃）的区域，样品为 SiO_2 纳米线，而中间温区（1135℃）沉积样品为 SiO_2 纳米颗粒/纳米线复合结构。

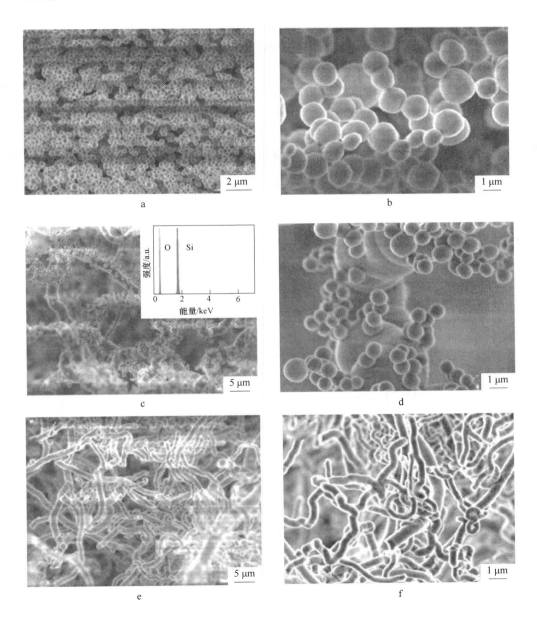

图 3-22 不同温度下生长样品的 SEM 图

图 3-23 所示为生长样品的 XRD 衍射图。谱线中包括两个明显的衍射区，中心位于 21°的宽峰来源于非晶 SiO_2，位于 28.5°的衍射峰来源于 Si 衬底，谱线中没有发现 SiO_2 晶体的衍射峰，说明生长的样品为 SiO_2 非晶纳米材料。样品的 Raman 散射光谱如图 3-24 所示，图 3-24a 为使用 Si 衬底的 Raman 光谱，其中位于 $520cm^{-1}$ 的振动峰是典型的单晶 Si 的一阶光学声子振动峰，位于 $304cm^{-1}$ 和 $964cm^{-1}$ 的宽振动峰来源于 Si 的横向声学（2TA）和光学振动（2TO），宽峰中位于 $972cm^{-1}$ 的振动也可能属于氧原子在 Si—O—Si 键中的弯曲振动，这可能是来源于 Si 衬底在本实验中形成了氧化膜。图 3-24b 为生长的 SiO_2 纳米颗粒/纳米线复合结构的 Raman 光谱，位于 $484cm^{-1}$ 的振动峰同样起源于 SiO_2 中氧原子在 Si—O—Si 键中的弯曲振动，位于 $337cm^{-1}$ 的宽峰范围在 $320\sim355cm^{-1}$，位于 $320cm^{-1}$ 附近的 Raman 振动可能来源于 O—O 键内部振动。而位于 $355cm^{-1}$ 附近的振动峰归因于典型的 SiO_2 振动，在石英相和柯石英相 SiO_2 中都被报道过，来源于 SiO_2 自身的 A_1 振动模式。由此，结合 SEM、EDX、XRD 和 Raman 光谱结果可以确定实验中制备样品为非晶 SiO_2 微米颗粒、纳米线及非晶 SiO_2 纳米颗粒/纳米线复合结构，无其他杂相生成。

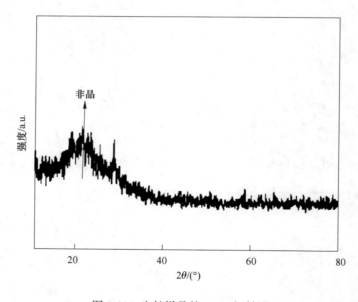

图 3-23　生长样品的 XRD 衍射图

3.4.3.2　生长机制分析

热蒸发法制备纳米线的生长机制主要有气-液-固（VLS）、气-固（VS）、氧化物辅助生长、硫化物辅助生长等。因为生成的纳米线中没有液滴存在，实验全

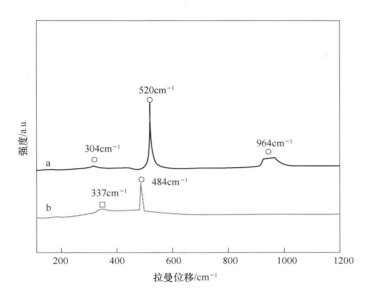

图 3-24 Raman 散射光谱图

a—Si 衬底 Raman 散射光谱图；b—SiO₂纳米颗粒/纳米线复合结构的 Raman 散射光谱图

程不使用任何催化剂，因此，本节中非晶 SiO_2 纳米复合结构的生长机制可能是 VS 生长机制，具体生长过程如下：当管式炉反应腔中反应源温度被加热到 1150℃，反应源 SiO 气化并与腔体中残留的 O_2 发生反应生成气态 SiO_2，气态 SiO_2 随载气移动至较低温度范围，在过饱和蒸气压作用下沉积在 Si 基底上，在基底温度较高区域，优先沉积纳米粒子，由于其内部缺陷相互作用，通过缺陷提供生长初始动力，初期易于形成纳米颗粒；当 SiO_2 随载气进一步移动，基底温度进一步降低，沉积过程加速，沉积样品量增大，纳米线是由纳米粒子沿某一特定方向自组装形成；而基底上中间温度区域则同时形成了纳米颗粒和纳米线复合结构。反应过程如下所示：

$$2SiO + O_2 \longrightarrow 2SiO_2 \tag{3-7}$$

3.4.3.3 样品的发光性能分析

图 3-25 所示为实验中 Si 衬底（a）和 SiO_2 纳米颗粒/纳米线复合结构（b）PL 光谱图。两条谱线均显示出较宽的可见光区发射峰，这些宽峰多与样品中的氧缺陷关系密切。图 3-25a 中位于 630nm 附近的宽峰主要来源于非桥氧空穴中心（NBOHC），位于 570nm 附近的宽发射峰在其他 SiO_2 材料的 PL 谱中均已观测到，但具体成因还有待于进一步研究。图 3-25b 显示了 SiO_2 纳米颗粒/纳米线复合结构的发光范围小于 Si 衬底，位于 630nm 附近的发射峰未能观测到，这可能是由

于 SiO₂ 纳米颗粒/纳米线复合结构生长于 Si 基底上，Si 衬底的 630nm 附近的发射峰被生长于上面的 SiO₂ 纳米颗粒/纳米线复合结构样品所吸收。其发光主要集中于 600nm 以前的黄绿光范围。

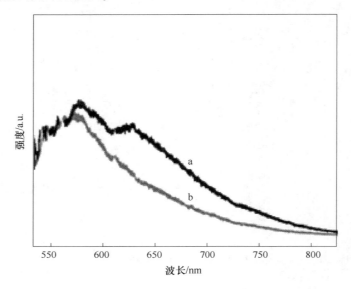

图 3-25   样品的 PL 光谱图

a—Si 衬底的 PL 光谱图；b—SiO₂ 纳米颗粒/纳米线复合结构的 PL 光谱图

3.4.4   小结

采用热蒸发法，以 SiO 纳米粉为反应源，制备了非晶 SiO₂ 纳米线、微米颗粒及 SiO₂ 纳米线/纳米颗粒复合结构，确定了其生长的工艺条件。利用 XRD、SEM、Raman、PL 光谱等技术手段分析样品的形貌、结构和光学性能，结果表明，在不同的沉积温度范围内，生长样品的形貌和结构不同。生长温度相对较低时，样品为非晶 SiO₂ 纳米线，生长温度相对较高时得到了非晶 SiO₂ 微米颗粒，中间温区为非晶 SiO₂ 纳米颗粒/纳米线复合结构的主要生长区域。SiO₂ 纳米结构遵循 VS 生长机制。非晶 SiO₂ 纳米线/纳米颗粒复合结构的发光区与 Si 衬底明显不同，主要集中在黄绿光范围。本项研究对 Si 基光电子器件的开发和设计具有重要的指导意义和应用价值。

4　热蒸发法中实验参数的影响

4.1　Pt催化剂对二氧化硅微/纳米线材料和光学性质的影响

4.1.1　引言

在过去的十年中，基于 Si 的微/纳米材料由于其独特的结构、独特的性质和在微电子领域中的应用而引起了众多学者的关注。其中，SiO_2 一维纳米结构作为一种新型的一维纳米材料，由于其优异的物理和力学性能，在光致发光、光波导、光化学和生物医学等领域具有非常广阔的应用前景。由于体积效应、表面效应、量子尺寸效应、宏观量子隧道效应等优异的性能，SiO_2 纳米线在塑料、橡胶、纤维、生物医学和光化学领域有着广泛的应用。

近年来，各种形貌的 SiO_2 纳米材料的合成和性能研究取得了显著的成就。热蒸发方法（物理气相沉积法）作为一种简单和大面积兼容的方法，已经被广泛应用。该方法通过独立控制结构和尺寸来促进调整纳米材料的光学性质。对纳米线来说，催化剂的作用一直受到关注，最近由于纳米线在电子和传感器纳米器件中的应用越来越广泛，催化剂的作用被认为更加重要。作为传统的金属催化剂，Pt 通常用于制备各种半导体纳米线，如硅、氧化锌和氧化钛等。目前，对 Pt-SiO_2 复合催化剂的研究主要集中在复合催化剂的制备和应用上。关于 Pt 对 SiO_2 纳米线性能影响的研究较少。通常，催化剂对纳米线生长的影响依靠实验条件和生长机制的不同而不同。研究催化剂作用的最佳条件往往与实验条件密切相关。人们希望通过系统地研究催化剂的作用，控制成核和生长机理，进而来调整纳米线的内部结构和宏观特征。此外，先前报道的 SiO_2 具有较大带隙，在 $7 \sim 11 eV$ 范围内，人们可以通过改变尺寸和掺杂其他元素来缩小带隙宽度。鉴于此，提高纳米线的复杂性、元素掺杂和改变内部尺寸能使 SiO_2 纳米材料的形态和功能变得更加复杂，进而成为人们研究和关注的焦点。

4.1.2　实验

实验中采用管式真空加热炉，炉腔为两端开口的大石英管。将 0.4g 的 SiO（纯度为 99.99%）放置在石英舟的一端。使用两种硅晶片作为衬底，一种是表面干净的 N 型硅晶片，另一种是通过胶束纳米光刻技术在 Si 衬底上制备 Pt 金属颗粒，厚度为 6nm。将硅片和 Pt 片放置在高于 SiO 粉末的 3nm 处以便收集产物。然后将小石英管的两端放入大的石英管中，最后将石英管逆时针横放入管式炉的高温加热区。将水平管式炉加热至 1150℃ 的温度，在恒定氩气流量下以 90mL/min 的速率生长和蒸发 4h 后，将系统降至室温，发现白色样品沉积在基底上。

　　通过几种技术介绍了所合成的 SiO$_2$ 纳米结构和性能。使用配备 EDX 的扫描电子显微镜（SEM）检测沉积样品的表面形态。通过 X 射线粉末衍射仪（XRD，Rigaku Ultima Ⅳ，Cu Kα）测量样品的结构。拉曼光谱是通过 532nm 波长的光激发得到的。光致发光谱图是在室温下通过 532nm 波长的光激发得到的。

4.1.3　结果和讨论

　　图 4-1 显示了生长的纳米线的 SEM 图。图 4-1a 和 b 显示了在硅衬底上成功生长出了 Pt 催化的纳米线。纳米线的直径在 22～44nm 之间，长度大于 20μm。

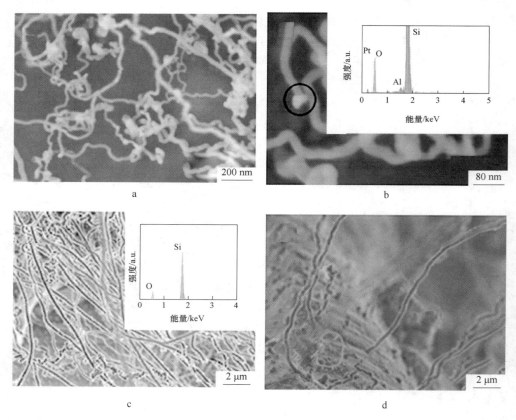

图 4-1　样品 SEM 图

a，b—使用 Pt 催化剂合成的生长样品的 SEM 图；c，d—不使用催化剂合成的生长样品的 SEM 图

（插图显示相应的 EDX 光谱）

从图 4-1a 和 b 可以清楚地看到，纳米线的表面是光滑的，并且在 SiO$_2$ 纳米线的顶端存在液滴，液滴的直径约为 40nm。纳米线结构的化学组成特征用 EDX 测量，结果表明 Pt 催化的纳米线的顶部结构由 O、Si 和 Pt 组成。图 4-1c 和 d 显示了没有催化剂制备的 SiO$_2$ 纳米线的形态。可以看出纳米线的顶端没有液滴，纳米线的直径为 220~330nm 之间，长度大于 20μm。图 4-1c 中的 EDX 结果表明 SiO$_2$ 纳米线由 O 和 Si 组成。结果表明：含 Pt 催化剂的 SiO$_2$ 纳米线具有直径很小（纳米级）、表面光滑、纳米线顶端有液滴等特点。

图 4-2 显示了合成的纳米线样品的 XRD 图。在图中，大部分衍射峰可以很好地指向 SiO$_2$ 的六方相（PDF No. 03-0419）。峰在 26.7°、36°、39.5°、45.9° 和 60° 位置处所对应的晶面分别为（101）、（110）、（012）、（021）和（211）。其他的峰可以很好地指向 Si 的立方相。其峰在 28.5°、47.3°、56.3° 和 69.3° 所对应的晶面分别为（111）、（220）、（311）和（400）。除了结晶相之外，在图中发现在 14°~30° 之间的宽峰，这可以归属于无定形的 SiO$_2$。

从图 4-2a 和 b 中可以看出，图 4-2a 中的衍射峰强度略高于图 4-2b 中的衍射强度。这表明 Pt 催化纳米线的结晶略好。

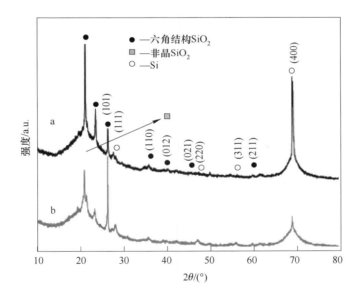

图 4-2 样品的 XRD 衍射谱

a—使用 Pt 催化剂生长的 SiO$_2$ 样品的 XRD 图；b—不使用催化剂生长的 SiO$_2$ 样品的 XRD 图

图 4-3 显示了生长的 SiO$_2$ 纳米线的拉曼光谱。它在 301cm^{-1}、434cm^{-1}、476cm^{-1}、520cm^{-1}、944~984cm^{-1} 处显示出峰位，其归属于 Si 和 SiO$_2$。301cm^{-1}、520cm^{-1} 和 970cm^{-1} 处的峰分别归因于 Si 晶片的两个横向声学（2TA）声子，一

阶光学声子和两个横向光学（2TO）声子。在 430cm^{-1}处的峰来自硅的强极化带，并且在 700~400cm^{-1}处的键与 Si—O 四面体中的 Si—O—Si 键的存在有关。而在 1000~950cm^{-1}处的峰则归因于 SiO$_2$ 的对称 Si—O 键的拉伸运动。在 964cm^{-1}和 970cm^{-1}处的峰与表面声子模式（SPMs）和 Si—O—Si 键的对称伸缩有关。此外，据报道，在 520cm^{-1}处的峰指向 SiO$_2$ 纳米结构中 Si 纳米晶体。在 480cm^{-1}处的谱带可能归因于在 SiO$_2$ 纳米结构的制造过程中合成的少量 Si 纳米晶体。图 4-3b 显示了使用 Pt 催化剂的 SiO$_2$ 纳米线的拉曼光谱。与曲线 a 相比，曲线 b 上只有三个峰值，在 320cm^{-1}处的振动峰归因于 O—O 键的相互作用，其中两个峰与曲线 a 基本一致。根据 XRD、SEM（包括 EDX）和拉曼光谱的结果，证明了利用热蒸发方法采用 Pt 催化剂和无催化剂成功制备出了 SiO$_2$ 纳米线。

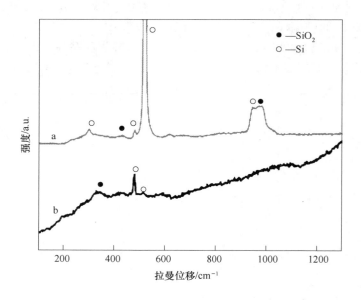

图 4-3　样品的拉曼散射光谱图

a—在衬底上合成的 Pt 催化的纳米线的拉曼光谱；b—生长的 SiO$_2$ 纳米线的拉曼光谱

　　一般来说，热蒸发法制备的纳米线的生长机制包括气-液-固（VLS）和气-固（VS）机制。从 SEM 结果可以看出，在有 Pt 催化剂的情况下，纳米线的顶端有液滴，这是 VLS 生长机制的特征。在 Pt 催化剂的实验过程中，当覆盖在 Si 衬底上的 Pt 金属纳米颗粒层被加热到 800℃时，在衬底表面形成 Pt 液滴，Pt 液体作为化学过程的催化剂。对于由 SiO 前体制备的 SiO$_2$ 纳米结构，当样品加热到 1150℃的反应温度时，SiO 被汽化并与腔室中的残余 O$_2$ 反应形成汽态 SiO$_2$。SiO$_2$ 进入液体并在固体 Si 和 Pt 液滴之间的界面处冻结。通过该过程的继续，在纳米线的顶端生长出 Pt 液滴。生长过程如图 4-4 所示，主要反应如下：

$$SiO(g) + O_2(g) \longrightarrow SiO_2(s) \tag{4-1}$$

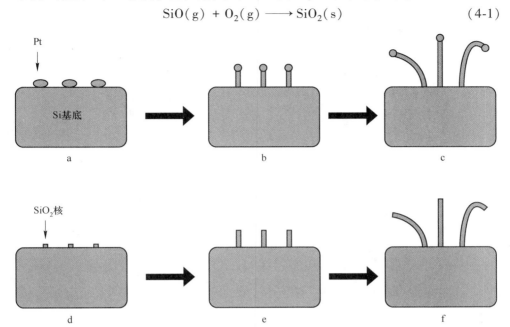

图 4-4　生长过程示意图

a~c—用 Pt 催化剂合成的 SiO_2 纳米线的生长过程；d~f—没有催化剂合成的 SiO_2 纳米线的生长过程

从图 4-1c 和 d 可见，没有催化剂的纳米线尖端没有金属颗粒，从而提出在没有催化剂的实验中 SiO_2 纳米线的生长遵循 VS 生长机制。反应方程式与上述相同。纳米线由纳米颗粒沿特定方向自组装。

图 4-5 显示了 SiO_2 纳米线的紫外-可见吸收光谱。图 4-5a 和 b 显示了不含催化剂的 SiO_2 纳米线的紫外-可见吸收光谱。图 4-5c 和 d 显示了使用 Pt 催化剂的 SiO_2 纳米线的 UV-Vis 吸收光谱。如图 4-5 所示，纳米线的吸收峰基本相同。采用经典的 Tauc 方法来估计其光能带隙，使用以下关于半导体的等式：$\alpha E_p = K(E_p - E_g)^{1/2}$（其中 α 是吸收系数，K 是常数，E_p 是离散能）。如图 4-5b 和 d 所示，通过绘制 $(\alpha E_p)^2$ 对应 E_p 获得线性关系，并且在 $\alpha = 0$ 时 E_p 的外推值（到 x 轴的直线）给出一个吸收边能量，其对应于 $E_p = 2.3eV$（539nm）。在 539nm（2.3eV）处的光吸收峰可能与非桥氧空穴中心（NBOHC）和缺氧中心（DOC）有关。

图 4-6a 和 b 显示了在室温下用 532nm 的激光激发有/无 Pt 催化剂合成的 SiO_2 纳米线的光致发光谱。SiO_2 纳米线在 Si 衬底上表现出强烈的发光。如图 4-6a 所示，在 598nm（2.07eV）和 651nm（1.9eV）的宽 PL 峰出现在光谱中。这些

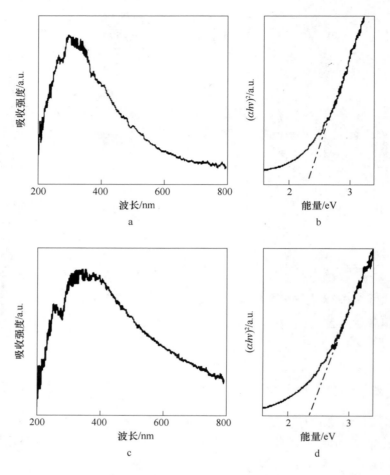

图 4-5　样品的 UV-Vis 吸收光谱

a, b—使用 Pt 催化剂合成的 SiO₂ 纳米线的 UV-Vis 吸收光谱；

c, d—不使用催化剂合成的 SiO₂ 纳米线的 UV-Vis 吸收光谱

发射可能归因于作为辐射复合中心的 SiO₂ 纳米线中与缺氧有关的结构缺陷。在 651nm（1.9eV）带处的 PL 峰可能归因于非桥氧空穴中心（NBOHC）。如图 4-6b 所示，有报道在 SiO₂ 纳米材料中观察到约 568nm 处有一个微弱的 PL 发射峰，确切的来源还需进一步研究。另外，比较图 4-6a 和 b 的两个发射峰，也可以注意到，在用 Pt 催化剂合成的 SiO₂ 纳米线的光致发光谱中，发射中心存在蓝移（从 575nm 到 630nm）。根据之前的报道，在嵌入二氧化硅的 Pt 体系中也发现了 570nm 附近的 PL 发射带。因此，在这项研究中的光谱蓝移可能是由于 Pt 离子掺入纳米线从而抑制发射信号的产生。在该报道中，PL 强度和光谱蓝移的显著降低归因于在高温下出现嵌入的 Pt 纳米颗粒的较大尺寸（大于 2nm）。在本

节中，实验温度高于 1000℃，因此可以获得更大尺寸的 Pt 纳米颗粒。因此，带有 Pt 的 SiO₂ 纳米线的 PL 光谱中的弱发射强度可能是由于颗粒的宏观行为变得更相关并且出现典型的表面等离子体激元吸收带。当局部表面等离子体激元而出现共振吸收带时，来自该样品的 PL 发射几乎被完全猝灭，进而导致发光强度减弱。本节中与 Pt 有关的发光特性将使得样品在光电子领域具有潜在应用价值。

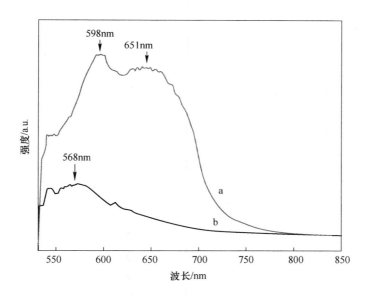

图 4-6 样品的 PL 光谱图
a—没有催化剂合成的 SiO₂ 纳米线的 PL 光谱；
b—Pt 催化剂下合成的 SiO₂ 纳米线的 PL 光谱

4.1.4 小结

总结，有/无 Pt 催化剂的二氧化硅纳米线是通过热蒸发方法合成的。结果证明样品的形貌受到不同催化剂的影响。生长机制因催化剂不同而不同。当使用 Pt 催化剂时，纳米线产品的尺寸减小到纳米级，产物通过 VLS 机制生长。SiO₂ 纳米线的紫外-可见吸收光谱表明，不同催化剂的吸收峰基本相同。光致发光结果揭示了具有 Pt 催化剂的纳米线的 PL 发射中的蓝移，这归因于 Pt 离子掺入纳米线中。具有 Pt 的 SiO₂ 纳米线的弱发射强度可能是由于 Pt 颗粒的宏观行为。与 Pt 有关的发光特性将使样品在光电子领域的发展成为可能。本节利用低成本工艺实现 SiO₂ 纳米线的简单生长可能使其在光学器件和纳米电子学中具有潜在的应用。

4.2 用 C 作还原剂制备二氧化硅纳米线

4.2.1 引言

近年来，低维纳米结构的材料由于其在光致发光、透明绝缘、生物医学等领域中的独特结构和应用而备受关注。SiO_2 纳米线作为一类新型的一维纳米材料，其具有优异的量子尺寸效应，表面/界面效应和体积效应。它不仅具有纳米粒子的特性，而且还是塑料、橡胶、纤维中典型的一维纳米材料，在生物医学和光化学领域有着广泛的应用。因此，SiO_2 纳米线结构的发展是应用领域的一个重要的研究课题。

热蒸发方法（物理气相沉积法）作为一种简单、大面积的制备方法，它已经被广泛应用于合成 SiO_2 的纳米材料。该方法还有助于通过独立控制纳米材料结构和尺寸进而来调整纳米材料的光学性质。但是，在此过程中引入的金属催化剂会明显降低材料物理和化学性能。在以前的报道中，使用了高温或催化剂来生长 SiO_2 纳米结构的方法。本节展示了一种温度在 1150℃，廉价、简单和有效的方法来制备 SiO_2 纳米线。此外，首次用 C 和 SiO_2 作原料，利用热蒸发方法合成了 SiO_2 纳米线。希望通过提高二氧化硅纳米材料的复杂性，使二氧化硅纳米材料发挥更大的作用，从而可以提高纳米二氧化硅微/纳米材料的光学性能。

4.2.2 实验

SiO_2 纳米结构的生长是在水平管式炉中进行的，使用 C 粉末和 SiO_2 粉末的混合物作为实验中的原材料，并位于炉心最高温度区。实验中使用条形 N 型 Si（111）片作为衬底，然后在恒定的氩气流量下将源材料升高至 1150℃并保温 2h。最后将系统冷却至室温，取出硅片发现白色产物沉积在基底上。

利用配有电子能量色散 X 射线（EDX）的扫描电子显微镜（SEM，S-4800）分析合成的纳米结构。通过 X 射线衍射仪（XRD，Rigaku Ultima Ⅳ，Cu Kα）对样品的结构进行分析。通过 LabRAM HR Evolution Raman 光谱仪激发 532nm 的激光线来测量拉曼散射光谱图。而光致发光是在室温下通过 325nm 波长的 He-Cd 激光激发得到的。

4.2.3 结果和讨论

图 4-7 中的 SEM 和 EDX 图详细介绍了产物的形态和组成。图 4-7 中 a～c 显示的样品的形态是在 1145℃下获得的。经过测量计算得到纳米线的直径为 60～120nm，长度可达几厘米，并且大多数纳米线都具有光滑的形态。从图 4-7d 的 EDX 谱图中可以看出，纳米线的组成成分有 Si、C 和 O。

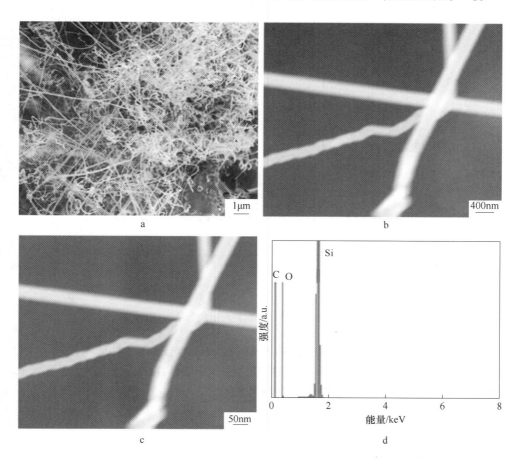

图 4-7 样品的形貌图

a~c—合成样品的 SEM 图；d—合成样品的 EDX 谱图

样品的 XRD 谱图如图 4-8 所示。从 XRD 谱图中可以发现有 SiO$_2$ 和 SiC 两种物质，其中 SiO$_2$ 衍射峰在 2θ = 21.09°、26.75°、36.59°、39.51°、40.42°、42.61°、45.89°、50.08°、55.19°、60.11°、64.48° 和 68.49° 对应于六方晶格的晶面分别为（100）、（101）、（110）、（102）、（111）、（200）、（201）、（112）、（202）、（211）、（113）和（301），空间群为 P3121（152）。SiC 的 XRD 峰对应于六方晶格的晶面是（102）和（108），空间群为 P63ml（186）。

合成的 SiO$_2$ 纳米线的拉曼光谱如图 4-9 所示。在 480cm^{-1} 处的振动峰归因于 Si—O—Si 振动中的氧原子弯曲。以 333cm^{-1} 为中心的宽峰范围在 320~355cm^{-1} 之间。在 320cm^{-1} 附近产生的振动峰是由于 O—O 相互作用。在 355cm^{-1} 附近的拉曼振动峰是 SiO$_2$ 的典型振动，它的原因来自 SiO$_2$ 的 A$_1$ 振动，并且在石英和柯石

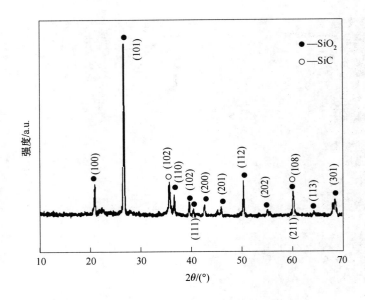

图 4-8　所合成产物的 XRD 谱图

英中都有报道。在 1339cm⁻¹ 和 1588cm⁻¹ 处的振动峰与芳香 C—C 伸缩振动有关。在 1457cm⁻¹ 处谱带归属于 Si—O 伸缩振动。根据 SEM、EDX、XRD 和拉曼光谱的结果，实验中出现了 Si 纳米晶和碳化合物。

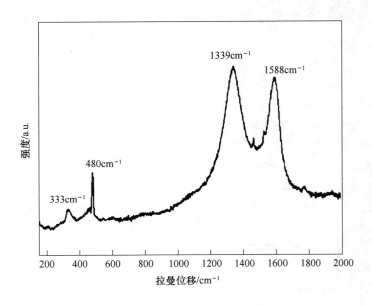

图 4-9　合成产物的拉曼光谱

对于混合 C 和 SiO_2 前驱体制备的 SiO_2 纳米线，C 作为还原剂，化学反应方程式如下：

$$SiO_2(s) + C(s) \longrightarrow Si/SiO_x(g) + CO(g) \tag{4-2}$$

$$SiO(g) + C(s) \longrightarrow SiC(s) + CO(g) \tag{4-3}$$

$$Si/SiO_x(g) + O_2(g) \longrightarrow SiO_2(g) \tag{4-4}$$

在高温条件下，SiO_2 与 C 反应会生成气态 Si/SiO_x，其中 SiO 又可与 C 反应可生成碳化硅晶核。气态的 Si/SiO_x 是 SiO_2 纳米材料生长的理想晶核，可与腔体内残余 O_2 反应生成 SiO_2，在较低温度区域，气体分子浓度不断增加，当浓度达到一定过饱和度时，SiO_2 纳米材料形核、生长，最终形成纳米线。

图 4-10 所示是在室温下使用 He-Cd 激光器波长为 325nm 的紫外光激发得到的 SiO_2 纳米结构的光致发光谱图。图 4-10 显示，一个以 410nm 为中心的宽峰，这可能是由于 SiO_2 纳米线中缺少氧原子造成的结果。光致发光光谱中，在 700nm 以上的峰可能与 SiO_2 纳米线中的 Si 纳米晶体有关，并且这个带的光致发光发射的机制常常解释为量子限制效应。文献也观察到在 355nm 处的发光带，确切的来源还需进一步的研究。总的结果表明合成的 SiO_2 纳米线结构具有改进的光学性质。

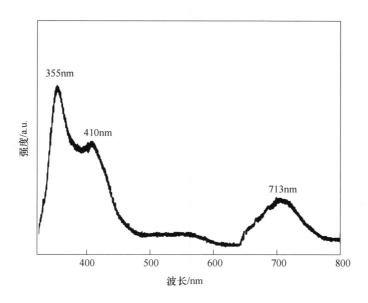

图 4-10 合成产物的 PL 谱图

4.2.4 小结

SiO_2 纳米线的复合结构已经通过热蒸发方法在 1150℃ 的加热温度下生长。通过扫描电子显微镜（SEM）、电子能量色散 X 射线（EDX）、X 射线粉末衍射（XRD）、拉曼光谱（RS）和光致发光（PL）等对合成的产物进行了系统的分析。SEM、EDX、XRD 和 RS 的结果表明在合成的 SiO_2 纳米线中含有少量的碳。通过光致发光光谱分析了 SiO_2 纳米线的光学性质。SiO_2 纳米线结构大规模地生长在硅衬底上，较宽的发光强度展现出独特的光学性质。

4.3 沉积温度对热蒸发法制备二氧化硅一维微/纳米材料的影响

4.3.1 引言

近年来，低维纳米结构材料由于其优异的物理化学性能，在光化学、光波导、生物医学和光致发光等领域应用较为广泛。SiO_2 一维纳米材料作为一种新型的纳米材料，其不仅具有量子尺寸效应，而且由于其特殊的一维结构，在光信息、光波导、光伏等领域具有潜在应用价值。因此，SiO_2 一维纳米材料的制备和性能研究是一个非常重要的课题。

热蒸发法（物理气相沉积法）是一种简单、大面积的制备方法，已经被广泛应用于合成 SiO_2 纳米材料。该方法致力于通过独立控制尺寸和结构来实现一维纳米材料的光学等物化性质的调控，实验过程中的生长参数对样品结构、形貌及其他物化性能的影响一直以来很受关注。其中，沉积温度是热蒸发法制备一维纳米材料中较为重要的参数之一，对这一参数的研究有利于深入理解化学气相沉积中不同纳米结构材料的生长机理，对优化一维纳米结构的制备工艺有着非常重要的价值。另外，热蒸发法制备 SiO_2 一维纳米材料大部分都需要较高的温度（大于1300℃），或者使用催化剂。而本节使用的是一种低耗、简单、高效的方法来制备 SiO_2 一维纳米材料，希望对沉积温度进行调控，进而能提高 SiO_2 纳米材料的复杂性，达到优化发光等物化性能的目的。

4.3.2 实验

利用热蒸发法，将质量为 0.4g 的 SiO 粉末（纯度 99.99%）放入石英舟内，再将表面干净的 N 型 Si（111）片放置在 SiO 粉末上方 3mm 处用于收集产物。接下来将石英舟放入小石英管内，再将小石英管逆向放入水平管式炉内的高温加热区。升温前，先对炉腔抽真空排出炉内的空气，然后再通入 Ar 气并将系统升温到 1150℃，保温 4h，待反应结束并冷却至室温时，取出样品，发现在硅片上有白色絮状物生成。

利用配有能谱 X 射线（EDX）的扫描电子显微镜（SEM，S-4800）对样品的表面进行形貌分析。样品的结构是通过 X 射线衍射仪检测分析得到的，拉曼光谱是通过激发 532nm 激光线的 LabRamHR 拉曼光谱仪分析得到的。而光致发光谱是在室温条件下由 532nm 的光激发得到的。

4.3.3 结果和讨论

图 4-11 是 SEM 图和 EDX 谱图。图 4-11 a 和 b 是生长温度在 1140℃时所得到的产物，从图中可以观察到大量的纳米线，纳米线多数呈现出直线状且表面不光滑，其直径在 90~440nm 之间，长度大于 20μm；图 4-11 c 是生长温度在 1130℃时所得到的样品，在图中观察到大量的棒状结构，纳米棒在硅片上大面积生长，其直径在 133~333nm 之间，长度在 5μm 左右，纳米棒的表面较光滑；图 4-11 d 是产物的 EDX 图谱，两种形貌的 EDX 图相同，都是由 Si 和 O 两种元素组成，且比例接近 1:2。从 SEM 图中可以看出，不同的沉积区域具有不同的沉积温度，随着沉积温度的降低纳米线的长度变短，生长样品的形貌和结构也随之改变，从线状结构变成棒状结构。

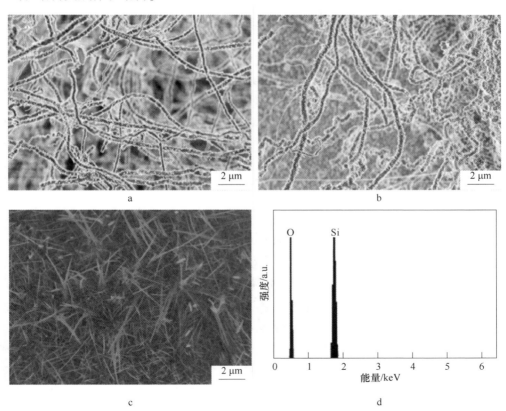

图 4-11　样品的形貌图

a~c—生长样品的 SEM 图；d—EDX 生长样品的图谱

图 4-12 是所制备样品的 XRD 谱图。谱图中含有多个尖衍射峰。经过分析发现，谱图中所有的尖衍射峰均与 SiO₂ 相符，但是出现了两种晶相，这可能是由于两种形貌的纳米材料所导致的，仅有一个峰与 Si 的立方相相符，其衍射晶面如图 4-12 所示。谱图中在 14°~30° 衍射宽峰来源于 SiO₂ 非晶结构。另外，XRD 谱图中没有发现其他杂质衍射峰，说明制备的一维 SiO₂ 纳米材料中含有晶态和非晶态的 SiO₂。

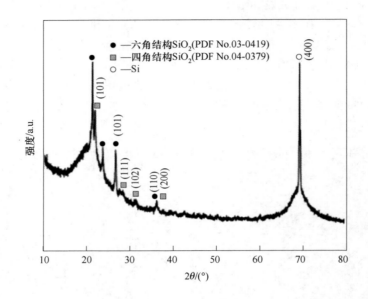

图 4-12　样品的 XRD 图

图 4-13 是样品的 Raman 散射光谱图。图 4-13a 是生长的 SiO₂ 一维纳米结构的 Raman 光谱，以 338cm⁻¹ 为中心的宽峰范围为 320~355cm⁻¹，在 320cm⁻¹ 附近的振动峰是由于 O—O 键的相互作用；在 355cm⁻¹ 附近的振动峰为石英和柯石英典型的振动峰，原因是 SiO₂ 本身的 A₁ 振动模式。在 459cm⁻¹ 处的 Raman 振动的原因是 SiO₂ 的主体锆石模型。在 485cm⁻¹、1459cm⁻¹ 处振动峰的原因是 Si—O—Si 振动中的氧原子振动和 Si—O 伸缩振动。图 4-13b 是使用 Si 衬底的 Raman 光谱，其中 517cm⁻¹、300cm⁻¹、970cm⁻¹ 位置上的振动峰的原因分别是硅片的一阶光声子、两个横向声学（2TA）声子和两个横向光学（2TO）声子；在 617cm⁻¹ 处的振动峰可能是与一个横向光学（TO）和一个横向声学（TA）声子模式有关。在 435cm⁻¹ 处的 Raman 振动峰来自 SiO₂ 的强极化带。Raman 的结果与前面的 EDX 及 XRD 分析结果相同，结合 SEM 图，可以说明实验中成功地在硅片上制备了 SiO₂ 一维纳米材料，在生长过程中，随着沉积区域和沉积温度的不同，生长样品的结

构和形貌有明显差别，随着温度的降低，样品由纳米线结构逐渐变为纳米棒结构。

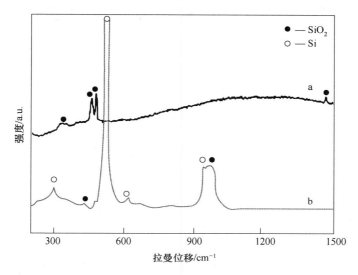

图 4-13 样品的 Raman 散射光谱图

a—SiO$_2$ 一维纳米材料的 Raman 散射光谱图；b—使用 Si 基底的 Raman 散射光谱图

据文献报道，热蒸发法在制备一维纳米结构时，其生长机制主要包括自催化气-液-固（V-L-S）机制和气-固（V-S）机制。因为本实验中没有使用任何的催化剂，而且在 SEM 图中也没有发现液滴出现在纳米结构顶端，因此，SiO$_2$ 一维纳米材料的生长可能遵循 VS 生长机制。

实验过程中，在高温下（1150℃），SiO 粉末蒸发，以气态的形式存在，并与腔体中残留的 O$_2$ 发生化学反应生成气态的 SiO$_2$，气态 SiO$_2$ 被氩气输运至较低温度的范围，随着 SiO$_2$ 气体分子浓度的不断增加，当浓度达到一定过饱和度时，则开始形核、生长，最终形成纳米线。若在生长过程中，由于局部区域温度及氧浓度过低，则可能生成 SiO$_2$ 纳米棒。这是因为在温度及氧浓度较低的情况下，氧原子扩散驱动力减小，成核生长机会减少，从而使 SiO$_2$ 纳米线的生长受到抑制，最后形成短小的 SiO$_2$ 纳米棒。反应过程如下：

$$2SiO(g) + O_2(g) \longrightarrow 2SiO_2(s) \tag{4-5}$$

图 4-14 为制备的 SiO$_2$ 一维纳米材料和使用 Si 基底的光致发光光谱图（PL），其是在室温条件下被波长为 532nm 光激发得到的。如图 4-14 所示，一维纳米结构发光光谱中存在两个明显的 PL 峰，这两个峰分别位于 540nm（2.3eV）和 567nm（2.2eV）的强绿色发光带，产生这两个峰的原因可能是 SiO$_2$ 纳米材料在制备过程中由于反应腔体内氧不足而产生的中性氧空位。与此相比 Si 基底的发

光并不明显，这原因可能是在实验过程中 Si 基底的表面形成了一层较薄的 SiO_2 膜，与生长的 SiO_2 一维纳米材料相比，其中性氧空位的含量不高，所以发光极弱；还有一种原因可能是 SiO_2 覆盖在 Si 基底上，Si 基底的发射峰被 SiO_2 所吸收。

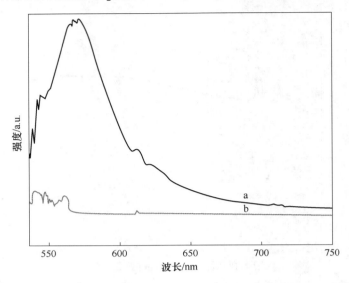

图 4-14 样品的 PL 光谱图

a—SiO_2 一维纳米材料的光致发光谱图；b—使用 Si 基底的光致发光谱图

4.3.4 小结

以 SiO 粉末为源材料，在硅衬底上通过热蒸发法获得了 SiO_2 纳米线和 SiO_2 纳米棒。用 SEM、EDX、XRD、Raman 光谱和 PL 光谱对实验样品的形貌、结构及发光性能进行了分析。结果表明，生长样品的结构和形貌随温度区域不同而有所差别：随着温度的降低，纳米线的长度变短。另外，光致发光光谱表明，样品具有较强的绿色发光带，该研究对改善光电子器件的性能应用具有重大意义。

5 二氧化硅低维微/纳米材料的表征对比

5.1 二氧化硅低维微/纳米材料的形貌分析

5.1.1 引言

形貌结构是指物体的表面微观结构形态，即指一个物体表面的微结构的规则或不规则的排列形态。

我们平时看到的各种形状的物体，都是由各种不同微观形态的物质构成的。如：不同形状的石头，是由不同形态的颗粒构成；不同形状的玻璃，是由不同形态的颗粒构成；而不同形状的玻璃，又是由不同形态的小球构成。而这些物质又可以根据其微观形态分为球形、棱柱形、柱形、纤维状等。

形貌结构是描述材料表面或界面特征的物理量，它反映了材料表面或界面的微观结构。通常以各种形式（如线度、棱台、沟槽、孔洞等）表现出来。

线度：表征表面的直线度，直线度越大，表示表面越光滑。线度可能会随温度的变化呈现线性或非线性的变化。

沟槽：随着表面沟槽宽度的增加，通过缝隙的流量也会随之增加。不过需要注意的是，沟槽深度越大，则通过缝隙的流量反而会减少。此外，增加沟槽的宽度和深度能够改善均压效果，其中沟槽宽度对均压特性的影响更为显著。相较于没有沟槽的结构，无沟槽的柱塞通过缝隙的流量最小，但均压效果最差。

孔洞：表征表面孔洞的大小、数量及分布情况，孔洞的面积与体积比越大，表示表面越粗糙。空洞类缺陷有气孔、缩松、砂眼和夹渣。

缺陷：表征表面缺陷的数量及分布情况对材料的表面质量产生了重要影响。缺陷的大小和分布情况会直接影响材料的力学及光学特性等性能。在半导体器件中，缺陷对电学特性的影响非常明显，可致介质层击穿、漏电流以及短路等现象，严重影响产品良率，甚至会导致可靠性下降。

粗糙度：表征表面形貌和粗糙程度的物理量，它描述了材料表面粗糙度的大小与分布情况，与线度成正相关。表面粗糙度（R_a）直接影响各种金属材质的耐腐蚀能，作为特征金属材料表面平滑与否、状况优劣等的重要参数。

表面张力：表征表面张力的大小及其分布情况，它与线度成正相关。

晶体形貌是研究晶体的最初基础，人们对晶体最初宏观的形貌结构认知，再到对晶体微观形貌结构，逐渐加深对晶体形貌结构的研究。每个晶体的形貌都不相同，对于晶体形貌结构研究，在 17~19 世纪，在研究晶体宏观结构所包含的规律时，数字统计和几何解析等数学方法被广泛运用。在 1895 年，德国物理学家伦琴（Rontgen）发现 X 射线，而 X 射线也对之前人们利用数学方法对晶体结构的研究加以验证，并且人们也开始用它对晶体内部结构的研究。随着科技的发展，晶体形貌结构的研究也有着更深层次的突破。

形貌结构是表征物质的基本特征，是物质最本质的特征。在结构分析中，形貌结构分析是一种重要的手段，可以帮助人们准确地判断物质的结构。随着技术的进步，人们已经可以通过观察、测量、计算等手段来分析物质的形貌结构。目前，形貌结构分析已经被广泛应用在物理化学、材料科学、生物医学、环境科学等多个领域。因此，形貌结构研究有着重要的意义。

形貌结构是研究物质微观性质的重要手段之一，通过它可以精确判断物质的微观组织和微观结构。形貌结构可以帮助我们准确地判断物质的宏观性质，例如，固体比热容和固体导热系数等性质可以通过形貌结构计算得到。形貌结构分析可以帮助人们更好地理解物质在环境中的行为，例如，通过对固体表面的形貌结构分析可以了解其吸附机理，对固体表面吸附模型进行分析。

纳米二氧化硅是一种粒径在 10~100nm 之间的无机非金属材料，外观白色且呈球形或类球形。该材料在催化、吸附、气敏等领域有着广泛的应用，而近期其在涂料领域的研究也正在蓬勃发展。对纳米二氧化硅的深入研究具有重要的意义。在微电子工艺中，二氧化硅和氮化硅薄膜被广泛应用于介质层，而半导体薄膜则主要由多晶硅薄膜和硅化物薄膜构成。

气相法制备的二氧化硅纳米颗粒尺寸小，这使得它们具有很大的比表面积和更高的反应活性；形态控制能力强。通过调节反应条件和控制制备过程，研究人员可以控制纳米二氧化硅粒子的晶型、形态和大小等性质，其结构性能优异。由于气相法制备的纳米二氧化硅具有非常细致的晶体结构，因此在多种应用领域中均具有优异的性能。相对于其他制备方法，气相法可以更容易地控制反应过程并且可以扩大到工业化生产。因此，不管是在哪个领域或学科中，气相法制备的二氧化硅都扮演着不可替代的重要角色。

通过对气相法制备二氧化硅形貌结构的研究，了解到不同衬底下和不同反应温度下二氧化硅的形貌结构，以及不同形貌结构下的物理化学性质的可能变化。研究纳米二氧化硅形貌结构不仅能为各种行业做出贡献，也可以为以后对二氧化硅的研究提供宝贵经验。

5.1.2 实验

（1）准备工作：

1）使用金刚石玻璃刀将 N 型硅片平均地沿晶向（111）方向切割成 1cm×1cm 小硅片。

2）用洗耳球把切割完成的硅片上的粉末吹走。将硅片加入去离子水后通过超声波清洗仪进行清洗。完成清洗步骤后取出硅片，对硅片进行干燥处理。

3）用酒精擦拭石英管内部腔体。

（2）前驱体配置：

1）药品的准备：准备硅（硫）粉末、二氧化硅粉末。将电子天平调零去皮，将两者按照 1:1 的配比称取总共 0.7g 粉末，把粉末倒入清洁好的研磨钵中充分研磨 30min。

2）药品的处理：用锡纸自制的铲子将药品小心地倒进干燥的石英舟里面。注意不要让药品溢出或粉末飞散。依次将清洗干燥好的硅片基底放入石英管内，并使用毫米尺来准确记录药品长度以及与硅片基底之间的距离。

（3）生长过程：

1）将装好的石英管顺时针放到管式电阻炉内，确保药品放置到加热中心，将管子固定密封。

2）检查设备气路连接，确保进出气口法兰连接。确保所有连接紧固牢靠，无漏气情况。

3）用高纯度氩气向管子注入气体，并通过旋片式真空泵对管内三次抽真空，确保管内不含其他气体，避免干扰实验结果。

4）将管式电阻炉加热至 1000℃，加热时间设置为 40min，期间持续通入 20mL/min 高纯度氩气，保持恒定流量。加热到 1000℃后进行 2h 保温处理。

5）待设备自然冷却后，取出反应后的石英管并收集标号基底样品。在保证安全的情况下关闭仪器，并打扫实验室。

6）利用能谱图（EXD）判断基底是否生成纳米二氧化硅，利用扫描电子显微镜观察形貌。

（4）注意事项：

1）在切割硅片时，需注意小硅片形状及大小要相同规则，避免对实验结果产生不必要的影响，并且在切割硅片时应谨慎操作，避免切割伤害自己。

2）进行清洗和干燥处理时必须保持环境的卫生干净，避免其他物质污染样品。

3）在前驱体配置时应准确称取所需药品，并确保按比例混合均匀。

4）管式电阻炉封装时，螺丝转动数应保证相同，以防止因螺丝受力不均而造成危险。

5）抽取真空操作时，应注意真空泵开关顺序，避免倒吸影响实验结果。

6）放置硅片基底时，应注意记录长度及与药品之间的距离，以保证生长条件恒定。

7）进行反应时应稳步升温，避免过快或过慢引起样品异常。

8）在实验结束后对样品进行收集，收集过程一定要小心谨慎，以免因为人为因素对样品造成影响，产生误差。

经气相法制备二氧化硅后，在等待管式电阻炉充分冷却并取出硅片。粗略观察，对反应结果良好的基底进行了编号存放。通过 EDX 能谱图分析基底表面是否生成纳米二氧化硅。然而，通过 EDX 能谱观察，在部分基底片上未观察到生长情况，经过分析发现是局部温度过高或者过低导致。对于有生长的基底片使用电子扫描显微镜对其进行观测，得到 SEM 图来分析其形貌。

扫描子显微电镜是一种能够直接观察块状、薄膜或粉末颗粒等样品表面形貌的电子光学仪器，具有景深大、分辨率高、扫描图像富有立体感等特点，是进行微观结构研究的有力工具之一。扫描电子显微镜利用电子束作为探针进行形貌测量，可用于材料、组织、细胞、生物和生物大分子的结构分析和性能研究。扫描电子显微镜具有分辨清晰、信息多样等显著优势。本节利用扫描电子显微镜来对样品的表面形貌进行表征。

EDX 能谱图由电子能谱和光电子能谱两部分组成。通过对电子能谱的仔细分析，可以获得物质中元素含量、成分以及分布等有关信息。这些数据可以用于对物质的化学成分进行深入的分析。在物质分析过程中，EDX 能谱图还可以用来检测物质中是否含有杂质以及杂质元素的种类。EDX 能谱图能对样品进行形态分析，在世界各国实验室都有广泛应用。本节使用 EDX 能谱图来确定硅片表面是否形成二氧化硅。

热电偶是利用两种不同导体或半导体之间的热效应进行测量的，它是一种常用的测量仪表，用来对温度进行测量。本节利用热电偶来监测二氧化硅生长时的温度，通过严格控制温度来研究不同衬底反应下二氧化硅的形貌结构和不同温度下二氧化硅的形貌结构。以此来探究温度对二氧化硅形貌结构的影响。

5.1.3　结果和讨论

5.1.3.1　不同反应源制备样品的形貌结构分析

A　SEM 图谱

使用扫描电子显微镜对不同反应源形成的样品进行成像，图 5-1 和图 5-2 展示的是不同反应源下使用气相法制备的二氧化硅纳米材料的形貌表征。图 5-1 是以 Si 和 SiO_2 为反应源生成样品的 SEM 图，图 5-2 是以 Si 和 S 为反应源生成样品的 SEM 图。图 5-3 是以 Si 和 S 为反应源生成样品的 EDX 能谱图。

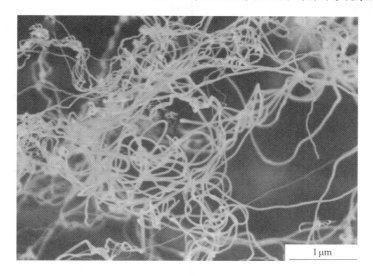

图 5-1 以 Si 和 SiO$_2$ 为反应源生成样品的 SEM 图

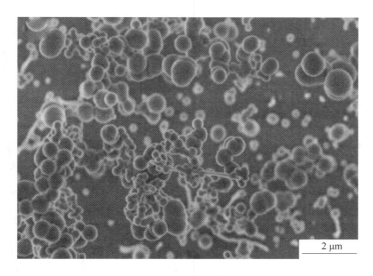

图 5-2 以 Si 和 S 为反应源生成样品的 SEM 图

B 形貌分析

图 5-1 是在 1000℃的生长温度下、硅粉末与二氧化硅粉末混合比为 1∶1 的情况下，靠近药品的基底片生长出的样品的形貌图，其直径约为 40nm，呈现出扭曲的线状形貌。图 5-2 是在 1000℃、硅粉末与硫粉末混合比为 1∶1 的情况下，靠近药品的基底片生长出的样品的形貌图，其直径为 500~750nm，呈现出颗粒状形貌。

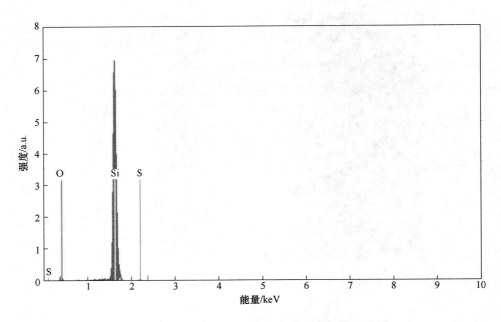

图 5-3 以 Si 和 S 为反应源生成样品的 EDX 能谱图

通过对图 5-1 和图 5-2 的 SEM 分析，发现在保持其他条件相同的情况下，使用不同的反应源制备纳米二氧化硅可以得到不同形貌的纳米材料。使用硅粉末和二氧化硅粉末作为反应源制备的纳米二氧化硅具有线状形貌，而使用硅粉末和硫粉末作为反应源制备的纳米二氧化硅则呈现颗粒状形貌。此外，不同反应源所制备的纳米二氧化硅直径也存在显著差异，以硅粉末和二氧化硅粉末为反应源所制备的纳米二氧化硅直径大约为 40nm，而采用硅粉末和硫粉末作为反应源时制备的纳米二氧化硅直径介于 500~750nm 之间，尺寸远大于以硅粉末和二氧化硅粉末为反应源时制备的纳米二氧化硅。另外，以硅粉末和二氧化硅粉末为反应源所制备的纳米二氧化硅线状形貌较为紧密聚集，而以硅粉末和硫粉末为反应源所制备的纳米二氧化硅颗粒状形貌则均匀地分布在基底上。可以看出不同反应源所制备的纳米二氧化硅其在基底上分布情况也有所不同。对样品进行 EDX 能谱测试发现结果相似，制备的样品是由 Si 和 O 元素构成的二氧化硅结构材料。由图 5-3 所示，样品含有 Si、O 元素。由含量比例同时显示样品中 Si 和 O 元素的比例接近 1∶2，可以证明生长样品为二氧化硅结构材料。

5.1.3.2 不同沉积温度制备样品的形貌结构分析

使用扫描电子显微镜对以硅粉末与硫粉末混合比为 1∶1 为反应源在不同温度下形成的样品进行成像，图 5-4 和图 5-5 分别为在不同温度下使用气相法制备的二氧化硅纳米材料的形貌表征及其能谱图。图 5-4a 为靠近药品一侧的基底生长片，图 5-4f 为距离热源最远的基底片。由图 5-4a 到图 5-4f 药品的环境温度依次降低。图 5-5 为样品 EDX 图。由此可以确定在基底上生成了纳米二氧化硅。

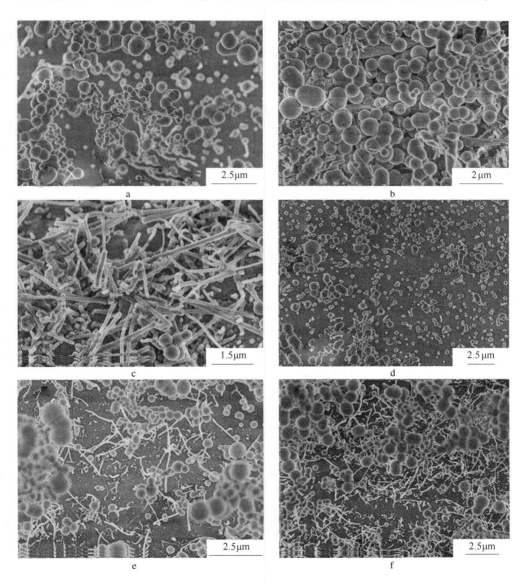

图 5-4　不同温度下制备的二氧化硅扫描电镜图

根据图 5-4 对所得样品进行形貌分析。图 5-4a 和 b 为硅片最靠近高温区生长样品的成像形貌，生长温度约为 1000℃。图 5-4a 直径为 500~750nm，形貌呈现颗粒状伴有少许棒状；图 5-4b 为硅片离中心位置稍远样品的形貌成像，其直径为 400~600nm，形貌呈现颗粒状，少许位置有棒状，其表面十分光滑；图 5-4c 和 d 为硅片靠近中温区生长样品的成像形貌，生长温度约为 950℃。图 5-4c 样品的形貌几乎全部呈现棒状只有少许的颗粒状形貌，其直径约为 100nm；图 5-4d 样品的形貌为松散的颗粒状，其直径为 100~500nm。图 5-4e 和 f 为硅片靠近低温区生长样品的成像形貌，生长温度约为 900℃。图 5-4e 其直径为 0.5~1μm，形貌呈现为颗粒状伴有线状；图 5-4f 在硅片距中心位置最远的样品形貌成像，其直径为 50~500nm，是以颗粒状伴有较多线状均匀分布的形貌，并且其表面粗糙。由此可以发现，在不同温度下用气相法制备的二氧化硅其形貌结构有所不同，高温区的样品形貌主要为颗粒状，中温区的样品形貌为棒状，而低温区的形貌为颗粒状，并且有纳米线生成。高温区形成的纳米二氧化硅其表面平滑，而低温区形成的纳米二氧化硅粗糙，可见温度对纳米二氧化硅的粗糙度也有一定影响。根据对纳米二氧化硅直径的观测，发现纳米线通常在 50nm，纳米棒通常在 100nm，而颗粒状形貌的二氧化硅直径跨度较大，在 100nm 到 1mm 之间。由图 5-5 可知，样品含有 Si、O 和 S 元素，其中 Si 和 O 元素归因于生长的样品为 SiO_2 微纳米结构材料，S 元素可能是来源于实验时掺入的硫粉末。样品中 Si 和 O 元素的比例接近 1:2，可以证明生长样品为二氧化硅结构材料。

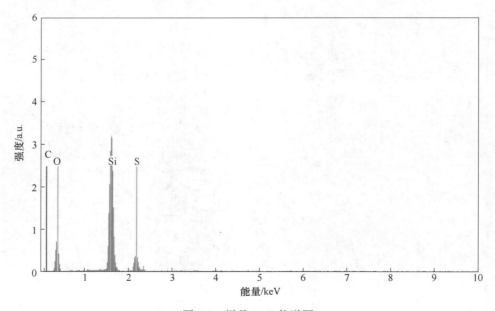

图 5-5　样品 EDX 能谱图

图 5-6a 为温度为 1200℃时生成的纳米 SiO_2 材料，图 5-6b 和 c 为温度为 1150℃时生成的纳米 SiO_2 材料。通过观察扫描电子显微镜生成的 SEM 图，可以

清晰地看出温度对生成的纳米 SiO_2 的影响。在图 5-6a 中，温度较高时，产物偏向于纳米线，较为扭曲，表面光滑程度一般，带有一定的起伏，生长时无特定的生长方向；在图 5-6b 和 c 中，温度较低时，产物偏向于纳米棒，较为挺直且绝大部分表面光滑，生长时往往沿着某一方法进行生长。在图 5-6a 中，对于生成的纳米 SiO_2 的直径，纳米线通常在 $50\sim150nm$ 之间；在图 5-6b 和 c 中，纳米棒通常在 $100\sim300nm$ 之间。可以得出结论，在其他条件相同时，如果倾向于生成物为纳米线且不对弯曲程度做要求，那么可以将反应温度控制在较高的位置，如果倾向于生成物为纳米棒且要求其较为挺直，那需要将温度控制在较低的位置。

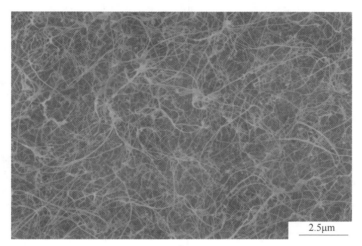

a

b

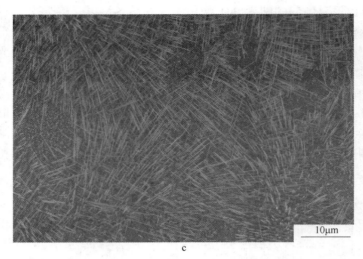

图 5-6   不同温度生长的纳米二氧化硅 SEM 图

a—1200℃；b，c—1150℃

根据文献分析，造成生成物形貌不同的原因主要是温度对分子运动造成的影响。当反应温度较高时，氧原子的扩散驱动力增大、自由程增加，导致成核的机会增大，更容易生成纳米线；而当温度降低后，氧原子的扩散驱动力减小、自由程降低，使成核的机会减少，从而导致纳米线的生长受阻，最终生成短小挺直的纳米棒。

5.1.3.3   催化剂对生成的纳米二氧化硅的形貌影响

催化剂在化学、生物等领域一直是重点研究的对象，因为合适的催化剂可能会对反应产生有利的影响，促进产物的生长或者改变产物的化学或者物理性质，而得到广泛的关注。在第二轮的实验中就着重地关注了以 Pt 作为催化剂对纳米 SiO_2 的生长的影响。

图 5-7a 为有 Pt 作为催化剂时生成的二氧化硅，图 5-7b 为无 Pt 作为催化剂时生成的二氧化硅。在 SEM 图中，可以非常清楚地得出结论，Pt 对二氧化硅生长会带来显著的影响。在图 5-7a 中，有 Pt 作为催化剂、其他条件相同时，纳米 SiO_2 生长地更为整齐和挺直，表面光滑，而且往往倾向于沿着衬底的晶向进行生长，进入纳米尺寸，顶端与低端的直径差距较大。在图 5-7b 中，没有 Pt 作为催化剂时，二氧化硅能够部分保持均匀挺直地生长，但是程度不及有 Pt 作为催化剂的情况，且表面不显光滑，生长方向也未能显著地表现出来，尺寸也明显高于有 Pt 加入时的尺寸。在图 5-7a 中，对于生长的二氧化硅的尺寸，在有 Pt 作为催化剂的情况下，纳米棒底部直径往往在 200~300nm 之间，而顶端甚至可以减小

到 50~100nm 之间。在图 5-7b 中，没有 Pt 催化的情况下，大多数生长的纳米 SiO$_2$ 在 400~500nm 之间，与前者呈现出较大的差异。

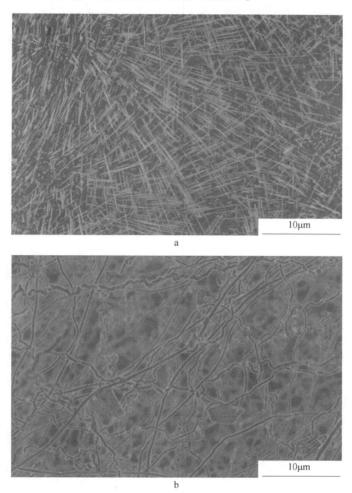

图 5-7　不同条件下生长的二氧化硅
a—有 Pt 作为催化剂；b—无 Pt 作为催化剂

图 5-8a 为有 Pt 作为催化剂时生成的二氧化硅纳米线，图 5-8b 为无 Pt 作为催化剂时生成的二氧化硅纳米线。在此实验条件下，在 SEM 图中，实验生成的纳米二氧化硅均为纳米线。但是，在图 5-8a 中，有 Pt 作为催化剂的情况下，可以相当清楚地看到，生成的二氧化硅纳米线的直径在 30~50nm 之间，外表光滑。在图 5-8b 中，没有 Pt 作为催化剂的情况下，生成的二氧化硅纳米线的直径在 400~500nm 之间，尺寸相比之下则出现了明显偏大的情况，且更加扭曲变形，外表光滑程度也不及前者。

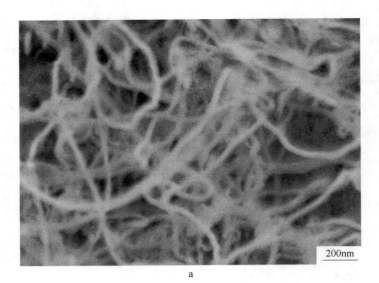

200nm

a

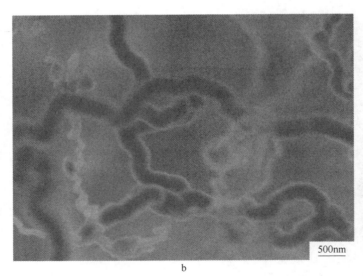

500nm

b

图 5-8 催化剂作用下的纳米线形貌
a—有 Pt 作为催化剂；b—无 Pt 作为催化剂

  根据有关文献和实验的分析，在二氧化硅的生长中引入 Pt 作为催化剂，作用于纳米级的反应中时，金属的熔点会显著地降低。而衬底表面分布的大量 Pt 原子在高温下会使衬底硅片产生大量的缺陷，改变衬底表面的能量分布。缺陷处的断裂的化学键为纳米二氧化硅的生长提供了有利的条件，从而更容易地生长为挺直、整齐的纳米二氧化硅棒。

5.1.4 小结

本节对气相法制备纳米二氧化硅材料的形貌结构进行研究。通过热电偶控制反应所需的温度；使用 EDX 对制得的样品进行主要成分分析，可以得出用气相法成功制备了二氧化硅纳米材料的结论，并对纳米二氧化硅未在基底生长进行分析；通过扫描电子显微镜（SEM）对制取的材料进行形貌分析，来分析不同反应源下的样品形貌结构和不同温度下的样品形貌结构。本节对气相法制备纳米二氧化硅材料的形貌结构进行研究。首先了解二氧化硅，再介绍制备纳米二氧化硅的方法，最后选择使用气相法制备纳米二氧化硅。首先对通过不同反应源生成纳米二氧化硅形貌分析，得出不同反应源所制备的纳米二氧化硅形貌，直径大小均存在差异；再通过对不同温度下生成纳米二氧化硅形貌分析，得出温度对纳米二氧化硅的形貌、直径和粗糙度有一定影响，不同温度区间的纳米二氧化硅存在一定的差异。二氧化硅形貌结构及其物理化学性质，可根据不同反应源来得到所需要的纳米二氧化硅；以及在不同温度下的纳米二氧化硅材料制备，来探究最适合二氧化硅的生长温度。气相法制备纳米二氧化硅材料的形貌研究具有重大的意义。

另外通过扫描电子显微镜去研究不同实验条件下生成的纳米二氧化硅在形貌上有什么不同，包括温度、催化剂和惰性气体通气流量这三个因素，介绍了这三种因素产生的影响主要在什么方面。其中，温度的影响主要体现在纳米二氧化硅的形成上，Pt 催化剂对产物的影响是由于化学键对生长的影响而不是在原子驱动力方面。在其他条件相同时，温度会影响纳米 SiO_2 的长度，温度较高更容易生成纳米线，而温度较低会生成纳米棒。Pt 催化剂会影响 SiO_2 直径的长度，主要是由于化学键的影响。由于 Pt 的引入，SiO_2 产品的尺寸可以被减小到纳米尺寸。

5.2 二氧化硅低维微/纳米材料的 XRD 分析

5.2.1 引言

二氧化硅作为硅基材料，既可以作为扩散阻挡层材料应用于元件，又因为其制备工艺可以兼容硅，而被大面积应用于微电子、集成电路等各个应用领域。硅和硅的化合物存在着广泛的应用，尤其是在半导体行业，硅作为最重要的半导体材料，光通信领域的发展也导致其备受关注。硅在生长的机制性质与形貌之间的关系，一维结构的研究等各个不同的领域虽然已经进行了很多的研究，但这还不够。

纳米二氧化硅应用的领域越来越广泛，作为大量纳米材料中的一员，制作二氧化硅所用的方法也多种多样。纳米二氧化硅有着极其特殊的颗粒结构，使得它表现出非常不一般的物理和化学性质，其在纳米材料中所占的地位也越来越重要，力、磁、光、电、辐射、热是其具有的优良特性，在许多领域发挥着不可替代的作用，所以对它的研究也很重要。

热蒸发法是本书所采用的制备二氧化硅材料的实验方法，除此之外主要的方法还有热氧化、溅射等。热蒸发法是在惰性气体的保护下，将源材料（使用的是高纯粉末）充分加热使其升华（采用的是电阻加热），大量的原子或分子气化离开源材料表面，再通过低压氩气加快粒子无规则热运动以达到加快粒子沉积在基片表面的目的。热蒸发法具有操作简单、制备的样品均匀且纯度高、致密性良好等一系列优点。本实验所用的高温管式炉由管式炉核心、外接氩气瓶、外接尾气处理系统和外接真空泵四大部分所组成，具有操作简单、成本低、杂质污染少、对环境无污染等优点。本节主要研究热蒸发法制备的氧化硅纳米材料的 XRD 衍射谱，通过对实验样品的 XRD 图谱分析，得出结论，当反应源为 S 和 SiO_2 时生成的样品 SiO_2 结晶性比反应源为 ZnS+Si 更好，并且当反应源及其他条件相同时，温度对生成样品的产物有很大影响，当温度为 1200℃ 时，生成的 SiO_2 结晶性比 1150℃ 更好。

5.2.2　实验

已知的制备二氧化硅的方法有很多，其中最简单的是直接热氧化，最常用的方法是物理气相沉积法。它是在真空条件下进行的，主要是为了防止杂质干扰，在真空下通过物理手段（如加热、激光等）把材料源从液态或固态变为气态分子或原子，这些粒子再经过无规则热运动慢慢沉淀到样品表面凝结成型。但是本节所采用的是热蒸发法。所谓热蒸发法就是在惰性气体的保护下，将源材料充分加热使大量的原子挣脱共价键的束缚从而离开源材料表面变成自由粒子，这些自由粒子会做无规则热运动，随即产生碰撞，在碰撞中损失能量。其中一部分粒子会碰到衬底表面，这些粒子留在基片上要么反射出去，停留在衬底表面的那些粒子会慢慢吸收自由粒子，当一个粒子吸收的自由粒子达到一定数量时会形成簇团，当簇团数量很多时就会形成稳定的核，然后核会接着吸收粒子慢慢壮大，最后变成想要的纳米 SiO_2。热蒸发法是 PVD 中使用最早的技术，也是当代成熟的技术。

本节使用的方法为热蒸发法，其有很多优点，如易于操作、成本低等，对于实验环境和器材的要求也相对简单，热蒸发法更适用于大多数的大型操作。

（1）实验药品：SiO_2 粉末、单晶硅片（N 型<111>晶面）、氩气、无水乙醇。

（2）实验仪器。实验仪器及用途见表 5-1。

表 5-1　实验仪器及用途

实验仪器	用途
一维真空管式炉	提供稳定热源
超声波清洗仪	清洗硅片

实验仪器	用　途
锡箔纸	运送药品
20cm 石英管	承载药品和硅片
研磨钵	将药品研磨充分
烧杯若干	方便清洗硅片
氮气泵	提供保护气体
玻璃刀	切割硅片
X 射线粉末衍射（XRD）	物相分析

（3）实验操作：

1）切割 10 片 1cm×1cm 的 N 型硅片作为生长基底。

2）将切割好的硅片用酒精擦拭，并在去离子水烧杯中并放入超声波清洗仪清洗，大约 15min 后取出做好干燥处理。

3）将准备好的药品放入研钵中充分研磨。

4）将研磨好的药品放入石英舟底部，并将锡纸折成小舟的形状，然后将硅基底放入石英管内，并在记录册上记录好药品与硅基底之间的距离。

5）开始热蒸发制备样品：将石英舟顺时针放入炉内，将去固定并封闭，接下来在管中通入高纯度氩气，并用真空泵反复抽三次真空。将管式炉设置在 1050℃，通气量是 100mL/min；温度达到后保温 2h。

6）保持同样条件在温度为 1200℃的情况下再次进行实验。

7）用玻璃棒在炉子冷却后把反应之后冷却下来的基底硅片取出，收集样品时要对样品进行命名编号并在记录册上做好记录，最后把各种器材关闭，并整理好。

8）对得到的样品进行测试，把其放在 X 射线衍射仪中进行衍射，便于对其进行接下来的分析与研究。

（4）注意事项。实验前应将硅基清洗干净并彻底干燥，实验药物的质量必须准确，以免影响比例；在实验中，必须检查实验装置的气密性，防止其他气体进入管内影响实验样品；反应完成后，等待管式炉冷却至室温，然后打开炉进行取样，以避免烫伤风险，防止样品因高温氧化。

（5）得到样品。本实验采用热蒸发法，在 1050℃和 1200℃下制备了纳米氧化硅，并用 X 射线衍射仪进行了分析，实验发现温度越高，制备的物质呈线性越好。

5.2.3　结果和讨论

5.2.3.1　单一参数改变对结构的影响

本节利用热蒸发法，改变实验参数进行结构影响研究。各组实验中制备的样品形貌相似，为一维微/纳米结构。图 5-9 所示为在反应温度 1000℃，反应源材料为 Si 和 SiO$_2$ 粉末，生长温度分别为 950℃（图 5-9a）和 960℃（图 5-9b）下生长的样品的形貌图。从图中可以看出样品为一维线状结构。其中图 5-9a 所示的结构中的纳米线直径为 50~300nm，长度大于 10μm。图 5-9b 中的一维线状结构直径为 100~400nm，长度为 2~6μm。由此可以看出，随着生长温度升高，样品长度减小而直径增大。

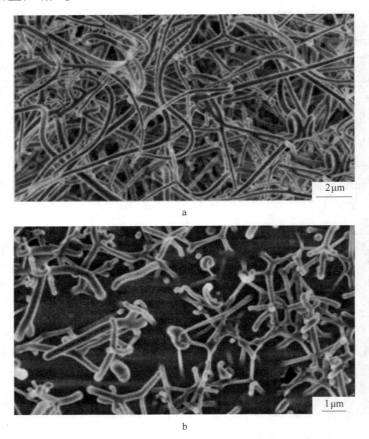

图 5-9　样品的 SEM 图

图 5-10 为在反应温度为 1150℃下，所用源材料为 Si 和 SiO$_2$ 粉末经历 4h 沉淀

而得的样品的 X 射线衍射图。在图谱中，不难看出在 20.9°和 28.0°的位置上各存在一个峰，经过 Jade 软件分析得其对应于六方晶系 SiO_2（PDF No. 01-6335）的（100）、（101）晶面，空间群为 P3221（154）。因此样品为晶态 SiO_2。

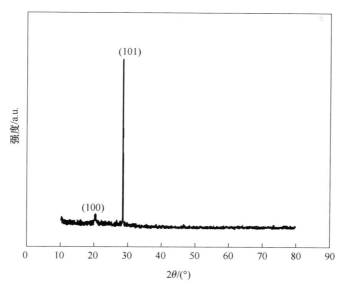

图 5-10　第一组样品的 XRD 图

图 5-11 为在反应温度为 1150℃下，所用源材料为 Si 和 SiO_2 粉末经历 2h 沉淀而得的样品的 X 射线衍射图。在图谱中，不难看出在 22.1°和 28.4°的位置上各存在一个峰，经过 Jade 软件分析得其对应于六方晶系 SiO_2（PDF No. 07-9636）的（100）、（101）晶面，空间群为 P3121（152）。通过对比图 5-10 与图 5-11 不难看出，图 5-11 的峰底部略宽，X 射线衍射峰的强度较低，这可能说明了生长样品的结晶性略差。由此说明，相同温度、相同源材料的条件下，沉淀时间对生长样品的结晶性具有一定影响，其中沉积 4h 的样品比沉积 2h 的结晶度好。

图 5-12 为在反应温度为 1150℃下，所用源材料为 SiO 粉末经历 3h 沉淀而得的样品的 X 射线衍射图。在图谱中，不难看出在 24.5°和 29.1°的位置上存在两个非常明显的衍射峰，经过 Jade 软件分析得其对应于单斜晶系 SiO_2（PDF No. 16-2629）的（111）和（002）晶面，空间群为 P21/c（14）。因此样品为晶态 SiO_2。对比不难看出保持其他反应条件不变使用 Si 和 SiO_2 粉末或者 SiO 粉末均可以制备出晶态 SiO_2 结构材料。本节中，可以发现使用 Si 和 SiO_2 粉末作为反应源材料时制备的样品为六方晶系结构的 SiO_2 材料，而使用 SiO 粉末作为反应源材料时制备的样品主要为单斜晶系结构的 SiO_2 材料。因而在保持其他反应条件不变的前提下更改反应源材料可以改变样品的结晶类型。

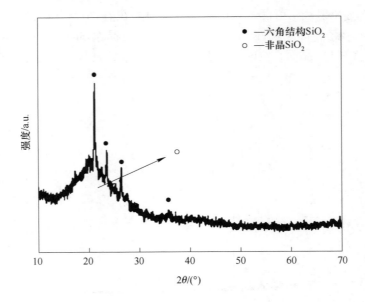

图 5-11 第二组样品的 XRD 图

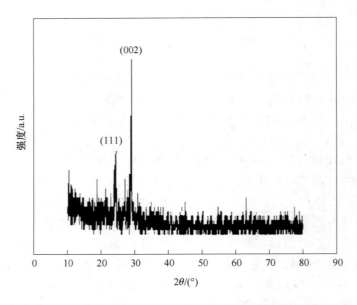

图 5-12 第三组样品的 XRD 图

图 5-13 为在反应温度为 1050℃下，所用源材料为 SiO 粉末经历 4h 沉淀而得的样品的 X 射线衍射图。在图谱中，不难看出在 21.9°、24.9°和 27.5°的位置上各存在一个衍射峰，经过 Jade 软件分析得其对应于正交晶系 SiO₂（PDF No. 38-

0197）的（021）、（221）和（400）晶面，空间群为 Cmc21（36）。因为吸收峰底部较宽，所以此样品中可能含有非晶态 SiO_2。对比图 5-12 和图 5-13 发现，1150℃时样品对应于单斜晶系 SiO_2，1050℃时样品对应于正交晶系 SiO_2，所以温度降低以后，样品的结晶类型发生了改变，且样品中出现了非晶态 SiO_2。故而得在保持其他反应条件不变的前提下降低反应温度不仅会改变样品的结晶类型还会使所得样品存在由晶态转变为非晶态的趋势。

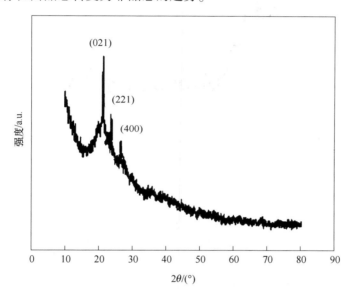

图 5-13　第四组样品的 XRD 图

图 5-14 为在反应温度为 1200℃下，所用源材料为 SiO 粉末经历 4h 沉淀而得的样品的 X 射线衍射图。在图谱中，不难看出在 21.0°、22.3°、26.6° 和 68.1° 的位置上各存在一个峰，经过 Jade 软件分析得其对应于 SiO_2（PDF NO.39-1425）四方晶系的（101）、（110）、（111）和（214）晶面，空间群为 P41212（92）。因为衍射峰底部存在宽包，故所得样品可能为非晶态和晶态 SiO_2 共存的状态。对比图 5-12 和图 5-14 可以发现，1150℃时样品对应于单斜晶系 SiO_2，1200℃时样品对应于四方晶系 SiO_2，所以温度增加以后，样品的结晶类型发生了改变，且样品中也出现了非晶态 SiO_2。故而在保持其他反应条件不变的前提下增加反应温度同样也会改变样品的结晶类型并且使所得样品存在由晶态转变为非晶态的趋势。综合对比得制备晶态纳米二氧化硅的最佳温度在 1150℃左右。

通过对比实验共得出以下结论：相同温度、相同源材料下沉淀时间的长短对样品结晶度有影响，沉淀时间较长的样品结晶度较好；相同温度下改变反应源材

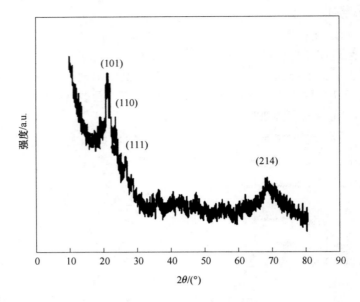

图 5-14 第五组样品的 XRD 图

料可以改变样品的结晶类型；以温度 1150℃ 为参照温度，在保持其他反应条件不变的前提下，无论是增加反应温度还是降低反应温度都会使样品呈现由晶态转变为非晶态的趋势，最适合制备晶态 SiO₂ 的温度在 1150℃ 左右；保持其他反应条件不变，改变温度会改变样品的结晶类型。

5.2.3.2 不同反应源制备氧化硅纳米结构的 XRD 衍射谱

现如今，像 XRD 这样的大型精密仪器在科学研究和实际生产应用中的地位越来越重要，通过对纳米材料的衍射图谱分析，确定其成分、内部原子分子的结构等信息，能够准确确定晶体的原子分子种类。

在相同实验条件下，图 5-15 和图 5-16 分别来自两种不同反应源下的样品衍射图，根据与标准卡片的对比，两图所对应的标准卡片为 SiO₂（JCPDS No. 14-0654），经分析发现，谱图中的所有尖衍射峰均与 SiO₂ 相符合，所对应晶面分别为（110）、（101），此 SiO₂ 为单斜晶系，两者均在 $2\theta=25°$ 及 28° 附近出现衍射尖峰，在 $2\theta=25°$ 左右时，两者均出现 SiO₂ 衍射峰，其中图 5-16 衍射峰较宽，衍射强度较低，说明此处 SiO₂ 非晶结构较多，在 $2\theta=28°$ 时的强衍射峰来源于 SiO₂ 晶体结构，图 5-15 中的衍射峰强比较大，峰宽较窄，SiO₂ 结晶性较好，图 5-16 衍射峰强较小且出现大量杂峰，初步判断为硅片衬底所呈现的杂质衍射，且在图 5-15 中 $2\theta=28°$ 时，衍射峰底部出现异常衍射宽包，来自样品中 SiO₂ 非晶结构，比较图 5-15 和图 5-16 可以看出，在反应源为 S 和 SiO₂ 时，生成的样品中 SiO₂ 结晶性较好。

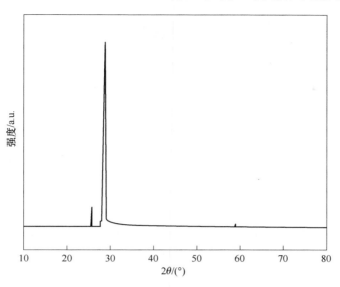

图 5-15　反应源为 S 和 SiO$_2$ 的 XRD 衍射谱

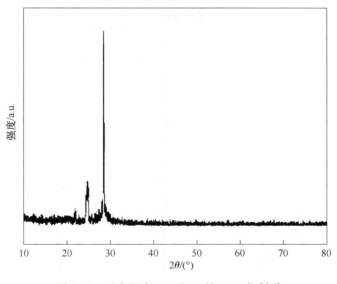

图 5-16　反应源为 ZnS 和 Si 的 XRD 衍射谱

5.2.3.3　不同生长参数所制备的氧化硅纳米结构的 XRD 衍射谱

在相同实验条件下，图 5-17 为反应温度在 1200℃时的 XRD 衍射谱，图 5-18 为反应温度在 1150℃时的 XRD 衍射谱，根据与标准卡片的对比，两图所对应的标准卡片为 SiO$_2$（JCPDS No. 03-0419），两者均在 2θ=21°、23°、27°和 70°附近出现了衍射尖峰，其中这几条衍射峰对应的 SiO_2 晶面分别为（100）、（101）、（101）、（006），对比衍射峰可发现，图 5-17 中衍射峰较高，宽度较窄，所生成的 SiO_2 呈晶体结构，且结晶性较好，而在 70°附近时，两图衍射峰强度相同，但是在图 5-18 中 70°两侧出现了宽衍射峰，通过与标准卡片比对发现其可能为硅衬底发生了非晶转变从而产生衍射所致，两图比较可以看出在反应温度为 1200℃时样品结晶性较好且所受衬底影响较小。

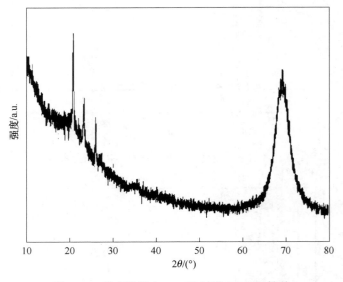

图 5-17　反应温度在 1200℃时的 XRD 衍射谱

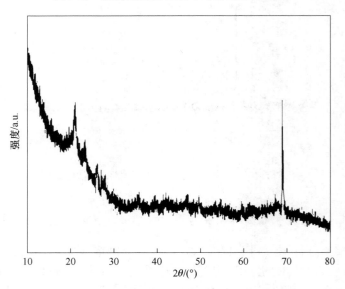

图 5-18　反应温度在 1150℃时的 XRD 衍射谱

5.2.4 小结

在信息飞速发展的当代，半导体材料及其衍生物已经成为这个世界不可或缺的重要组成元素之一。在未来可能还会出现新的衍生物或者新的半导体材料及其衍生物，但是硅一定还会被应用到各个领域里，继续研究硅及硅的各种衍生物会使人们的生活更加便利。本节所研究的 SiO_2 就是硅的重要衍生物之一，因为自然界中硅元素含量很高且易于提取和提纯，所以制备 SiO_2 的成本很低。研究 SiO_2 的结构性质和更简单地调控 SiO_2 物理和化学性质的方法具有一定的意义。现如今，在众多的材料当中，纳米材料处于非常好的历史地位，并为人们的各个生产生活中的领域做出贡献，而在众多的纳米材料中，二氧化硅纳米材料具有更好的性能与更广泛的应用空间，本节从纳米二氧化硅材料入手，介绍了纳米二氧化硅材料的各种用途和各种优良的特性，它被应用到了如生物医药、密封剂、涂料等多个领域。

对实验产品进行结构分析，发现当反应源为 S 和 SiO_2 时生成的样品 SiO_2 结晶性更好，并且当反应源及其他条件相同时，温度对生成样品的产物有很大影响，当温度为 1200℃ 时，生成的 SiO_2 结晶性更好。同时发现，相同温度、相同源材料下沉淀时间越长，样品结晶度越好；相同温度下改变反应源材料可以改变样品的结晶类型；增加或降低反应温度都会使样品呈现出由晶态转变为非晶态的趋势，最适合制备晶态 SiO_2 的温度在 1150℃ 左右；改变温度会改变样品的结晶类型。

5.3 二氧化硅低维微/纳米材料的 Raman 分析

5.3.1 引言

如今，在纳米材料研究领域，纳米二氧化硅材料扮演着非常重要、不可或缺的角色。无论是实验制备需要、工业生产领域，还是日常生活中，都需要纳米二氧化硅材料，都离不开二氧化硅材料作为应用源材料。近几年对纳米二氧化硅材料的研究也在飞速的发展之中，也已经发展出了很多制备纳米二氧化硅材料的实验方法，不断地在提高制备的材料样品的纯度和性能。目前较为成熟的工艺可分为干法和湿法两大类，这两大类方法主要有气相法、溶胶-凝胶法、沉淀法、电弧法等。经过对比分析，本节采用了气相法制备二氧化硅纳米材料，并且对制备出来的纳米二氧化硅材料进行了拉曼图谱分析，讨论了不同实验条件下，对纳米二氧化硅材料的生长状况和结构性能进行了总结，进一步介绍了纳米二氧化硅材料的分子生长状况和结构的变化规律和特点。

对于气相法，其制备工艺流程已经非常成熟，特点就是工艺操作流程简单，干扰条件较少，相对其他实验耗费时间少，制备出来的样品材料的纯度也很高，尺寸也很好控制，非常适合实验室研究制备，对制备成功后进一步的性能研究有很大的帮助，为制备成功的纳米二氧化硅材料的后续一系列实验提供了非常合适的研究材料。

拉曼光谱自 1928 年被发现以来，研究之路虽有波折，但发展到现在在已经被作为重要的分子结构检测手段，从激光照射到物质上，光子与光学声之子之间的相互作用激发出的散射光进而构成了拉曼图谱的过程中，可以清晰地捕捉到所研究的物质的组成信息、张力与应力大小、晶体质量和物质总量等数据信息，因此拉曼光谱仪是纳米材料研究领域中重要的应用仪器，是参与分子结构分析的重要研究环节。拉曼光谱能直观地观察到实验样品的结构性能和生长状况，可以很清晰地呈现分子的结构特性，拉曼光谱仪也是纳米材料研究领域非常重要的设备仪器，拉曼光谱分析是纳米材料结构生长状况不可或缺的一个环节。拉曼光谱适用于分子结构的分析，它自发现以来，应用领域非常广泛，在实验室研究中更是普遍适用。从物体吸收的能量并散射出来的光线中，可以依照得出的数据制成相对应的图谱，从图谱上振动峰的峰位、峰宽、偏振方向和峰的强度等参数中，可以记录研究多种信息，这些信息有助于探查被测物质的组成成分、分子结构、官能团和化学键的变化等。

近年来，随着信息技术的飞速进步和发展，纳米材料领域研究也在不断地快速发展，而纳米二氧化硅材料作为纳米材料领域非常重要的一员，对纳米二氧化硅材料的需求也在不断扩大，急速增长。纳米二氧化硅材料制备的纯度要求也在不断地提高，纳米二氧化硅材料的研究已经取得了非常多的建设性成就，但是纳米二氧化硅材料还有很多的难关还未突破还需要不断地进行研究，利用 Raman 散射光谱可以对材料结构特征进行物相分析。Origin 软件可以将实验数据进行绘制，进一步分析纳米二氧化硅材料的微观结构，总结纳米二氧化硅材料的生长特性和结构特征，对纳米材料研究领域的发展具有一定的指导作用。在本节研究当中，将选择用蒸发法来制备二氧化硅纳米材料，相比于其他多样的制备方法，热蒸发法有不可代替的优势，其一是在实验过程中没有出现对人体有害的物质，这样可以保证实验过程中人员的安全，因此这个方法可以普遍用于各大工业的大规模生产中；其二是热蒸发法的实验过程操作简单，容易上手，原理也并不复杂，因此既可以减少误差，又可以减少实验失败的次数，大大减小了实验所花费的时间；其三是热蒸发法可以预先设置好二氧化硅纳米材料的尺寸大小，如此可以使二氧化硅纳米材料的表面更加光滑，更有助于生长均匀。运用拉曼光谱仪对制备的二氧化硅纳米材料样品进行研究，可以进一步分析二氧化硅纳米材料的分子结构，在研究过程中可分组实验，改变制备二氧化硅纳米材料时的单个实验条件，进而观察拉曼光谱的相应变化，其意义在于可以了解不同制备条件下，生长出的二氧化硅纳米材料分子结构有何不同，总结规律，为学术研究领域中二氧化硅纳米材料的进一步探索做推动作用。

5.3.2　实验

（1）步骤：

1）将硅片沿着晶向为<111>的方向切出若干份尺寸为 $1cm^2$ 的硅片备用。

2）将切好的硅片用无水乙醇擦洗干净，再将硅片放入装有去离子水的超声波清洗仪，清洗大约 20min，清洗完成之后将硅片取出烘干，注意不能将硅片粘在一起。清洗过程要细心，硅片易碎裂，需轻拿轻放。

3）使用水平电子天平秤称量所需要的药品，注意需小心少量添加，用滤纸称量药品，应先放入滤纸，去皮，然后再放入药品。

4）将称量好的药品倒入玛瑙研钵，充分研磨，使药品充分混合，研磨过程需细心，研磨均匀，研磨大约 10min。

5）将药品用药匙全部送入石英舟内，将石英舟水平放置，再将洗净备用的硅片放入石英舟，注意使药品和洗净备用的硅片之间保持一定的距离，两者不能接触，用毫米尺精细地测量和记录药品和硅片在石英舟内所处的位置及两者的距离。

6）保持水平缓慢地将装有药品和洗净备用的硅片的石英舟放入玻璃管中，再小心缓慢地将玻璃管从高温管式炉一端放入高温管式炉中，再用长玻璃棒小心缓慢地将玻璃管推入高温电阻炉中间的高温区域。

7）放置完成之后检查装置的气密性。

8）检查气密性良好后，即可进行抽真空，利用直联旋片式真空泵，将实验装置内的空气排出，首次抽真空的时间为 3~5min，排除空气后打开氩气瓶，将氩气流速调节到最高，通入稳定的氩气，使氩气充满整个反应装置内，使反应在高纯度氩气内进行，当氩气瓶右边指针回到零刻度时，首次抽真空完成。

9）首次抽真空完成后，打开防倒吸装置的开关，观察锥形瓶内是否有气泡产生，若锥形瓶内有气泡产生，则装置的气密性良好，若没有气泡产生，则表明装置漏气，实验失败，需检查漏气原因，再重新开始进行实验。气密性较好就可以继续进行实验，进行第二次抽空，先将防倒吸装置的开关关闭，开关关闭后即可进行第二次抽真空，抽真空大约 2min。重复第二次抽真空的步骤，进行第三次抽真空，第三次打开锥形瓶观察是否有气泡产生后，气密性良好，就不用关闭防倒吸装置上面的开关了，向实验装置内充入稳定的氩气，氩气流量为 80mL/min。

10）打开高温管式炉开关，升高温度，当温度升高到800℃时，氩气流量增强到90mL/min并保持，温度继续攀升，当上升到1150℃时，保温2h，需时刻注意氩气流量，持续稳定通气，反应结束后，降低温度，当温度降至800℃时，氩气流量恢复到80mL/min，再继续进行降温，期间可适当降低流量，但不可切断氩气供气。

11）当管式炉内温度降低至室温时，打开高温管式炉，小心取出石英舟，取出样品并标记，整理实验数据，关闭所有实验装置，整理实验台，将使用的药品和装置放回原位，保持实验室卫生，结束实验。

（2）注意事项：

1）切割时沿晶向方向切割更容易得到平整和尺寸规范的硅片，硅片也不易碎裂，降低实验成本。

2）硅片一定要充分清洗干净，清洗完成之后应立即烘干，实验所含杂质几乎都来源于实验中用作衬底的硅片，可以说硅片的清洁程度将决定实验所制备出来的样品中杂质的含量。

3）硅片易碎，在需要使用硅片的步骤时一定要细心缓慢地进行，不可大意马虎，若不慎使硅片碎裂，立即终止实验，重新开始实验，不可继续实验，不然会大大影响实验结果。

4）使用水平天平秤时，先将滤纸放入水平天平秤上并去皮之后，再将药品缓慢适量地放入称量，称量完成后，续重复上一步骤，切记要再次去皮，不同一张滤纸的质量是不相同的。

5）研磨药品时，要研磨充分，要时刻注意，不能将药品洒出，不能让药品在研磨中有损失，用药匙取药品放入石英舟时需将药品充分取用，防止粘连，进而大幅度增加实验误差。

6）放入药品后石英舟要一直保持水平，操作过程中一定要轻拿轻放，这样才能在更大程度上避免误差，在石英舟内放入清洗制备好的硅片后就应该佩戴上手套，后续操作可能会接触到高温，佩戴手套可以保护自己，将石英舟放入高温电阻炉内要留意，不能接触高温电阻炉内部，避免产生误差。

7）抽真空的过程要严格按照实验步骤进行，操作错误可能会出现倒吸现象导致实验失败，一定要严格地遵守实验操作步骤。

8）实验过程中要时刻留意实验所处的环境，维持全程在真空环境中进行，留意氩气的流速变化，严格按照实验要求进行。

9）在实验升温和降温过程中，都不能打开高温电阻炉，必须等到炉内温度降到室温之后才能将其打开取出样品，取出样品时同样要注意轻拿轻放，避免直接接触样品污染样品，数据才会准确。

10）实验结束后要清洁实验台、实验设备，避免对后续实验造成影响。

（3）得到样品。通过对样品材料的研究分析发现，有很多硅片都生长出了纳米线，但是也有部分硅片并未能生长出纳米线，未能生长出纳米线的原因也是复杂多样的，经过对未能长出纳米线的样品进行分析，发现硅片残留的污渍、高温电阻炉内硅片表面的实验温度分布不均匀、药品量的选取都会导致样品不能生长出纳米线。每次实验时应尽可能地避免这些错误的操作，使生长出纳米线的硅片概率、比例更高。

将生长状态良好的硅片进行挑选分类整理，做上标记，为后续实验研究做好准备。

（4）分析手段。利用拉曼光谱仪记录样品材料信息，将所得到的拉曼数据引入 Origin 软件，对实验数据进行处理，可以得到较为清晰的折线信息图，从图中可以很直观地看出样品中的有些振动峰是低平宽大的，有些振动峰是高大尖锐的。拉曼光谱仪器可以为人们提供所得的新型聚合材料中的分子结构信息，这对后续的实验研究至关重要。得到拉曼数据之后，应用 Origin 软件对数据进行处理，将数字转化成更加直观的折线统计图，经过平滑处理和峰值分析之后，可以看到非常清晰的拉曼图谱。其中拉曼峰的宽度可以表征二氧化硅纳米材料的立体化学纯度。

在分子结构分析过程中，运用拉曼光谱进行分子研究可以尽可能地减小误差，因为不需要对实验样品进行反复的处理，操作原理较为简单，研究效率高，时间成本低，且运用激光照射也使仪器反应更加灵敏，保证了数据的可靠性。此外，在应用拉曼光谱仪器过程中，还需要注意排除其他光线对实验研究的干扰。

5.3.3 结果和讨论

5.3.3.1 反应时间对样品结构的影响

样品 A：反应源为 0.5g 铁和 0.5g SiO_2，衬底为硅片，反应温度为 1150℃，制备时间为 4h，保持氩气流量 80mL/min。在制备过程中，需要抽真空 7 次，保持氩气的连续排气。样品 B：将制备时间改为 2h，其他实验条件不变。得出实验数据，将样品 A 和样品 B 制备的样品的拉曼数据输入 Origin 软件，做成拉曼图。

如图 5-19 所示，样品 A 中，振动峰的位置分别位于约 337cm^{-1}、484cm^{-1} 处，其中位于 337cm^{-1} 左右的振动峰可能是由 Si—O—Si 键振动时 Si—O 的伸缩振动导致的；位于 484cm^{-1} 左右的振动峰 SiO_2 中氧原子在 Si—O—Si 键中的弯曲振动可能是由单晶硅的一阶光学声子振动导致的，是一种非常典型的分子振动。

如图 5-20 所示，样品 B 中，振动峰的位置分别位于 304cm^{-1}、520cm^{-1}、965cm^{-1} 处，其中位于 304cm^{-1} 和 965cm^{-1} 的宽振动峰应该是来源于 Si 的横向声学

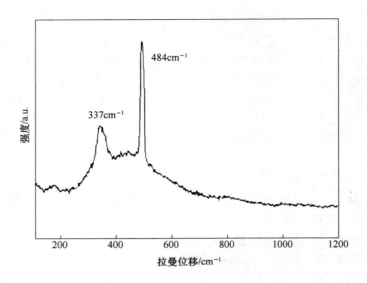

图 5-19 样品 A 的拉曼图谱示意图

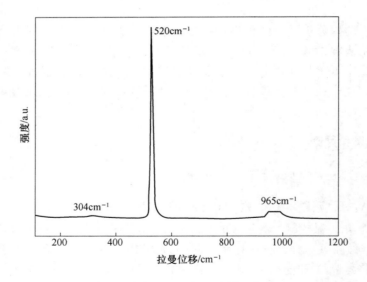

图 5-20 样品 B 的拉曼光谱示意图

（2TA）和光学振动（2TO），宽峰中位于 965cm^{-1} 的振动也可能属于氧原子在 Si—O—Si 键中的弯曲振动，这应该是来源于 Si 衬底在本实验过程中形成了一层氧化膜。位于 520cm^{-1} 左右的振动峰可能是由单晶硅的一阶光学声子振动导致的，位于 965cm^{-1} 左右的振动宽峰可能是由于 Si—O—Si 键的对称拉伸作用，也可能是由氧原子在 Si—O—Si 键的弯曲振动所导致的。一般来说，位于 520cm^{-1}

左右的单晶硅的一阶光学声子振动峰与硅基底相关，样品 B 中这个峰很明显强度更高。这可能是因为，4h 生长的样品 A 中，合成了较厚、较多的 SiO_2 样品，Raman 测试时光斑信号主要来源于样品；而 2h 的反应时间，生长的样品 B 中的 Raman 信号更多来源于硅基底，致使 Raman 峰来自基底的信号较强。

5.3.3.2 形貌结构对样品结构的影响

样品 C：反应源为 0.24g 碳和 0.4g 二氧化硅，衬底为硅片，反应温度为 1050℃，制备时间为 2h，保持氩气流量 80mL/min。在制备过程中，需要抽真空 7 次，保持氩气的连续排气。使用 SEM 对样品进行成像，得到 SEM 图。

A　SEM 图

SEM 图可以提供样品表面形貌和化学成分信息。它们通过对样品表面进行高分辨率扫描，获取影像和能谱数据来获得这些信息。SEM 图像显示目标表面的细节形貌，并且提供了不同深度的表现形式，例如俯视图、侧视图等，可以用于观察表面形态变化以及检测缺陷或污染。而 SEM 结合能谱数据则可以给出元素组成和含量分析，可以帮助识别材料类型和掺杂有无程度等信息。硅基底材料是 SEM 中常见的样品之一，将其放入 SEM 观察台中并通过 SE 信号或 BSE 信号获得样品表面的影像和能谱数据，可以比较直接地得知硅基底的形态和化学组成信息。

图 5-21 所示为在 1050℃ 的生长温度下、0.24g 碳粉末与 0.4g 二氧化硅粉末混合的情况下，靠近药品的基底片生长出的样品的形貌图，图中空白处即是硅基底，图中可观察到大量颗粒状和线状的物质，呈现颗粒状的物质是纳米颗粒，呈现线状的物质是纳米线。

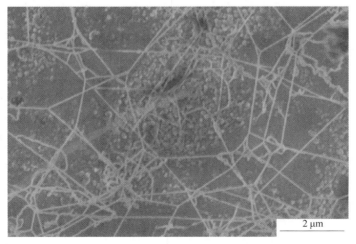

图 5-21　生长样品的 SEM 图

图 5-22 是图 5-21 经过放大后的纳米颗粒的 SEM 图，通过观察可看出纳米颗粒是沉积在硅基底上的，纳米颗粒的直径在 0.5~2μm 之间，并且大部分的纳米颗粒都是分堆聚集在一起的。

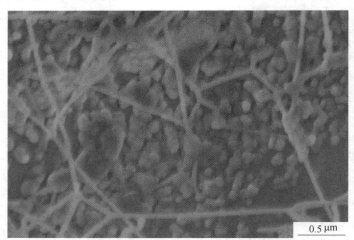

图 5-22 生长样品放大的纳米颗粒的 SEM 图

图 5-23 是图 5-21 经过放大后的纳米线的 SEM 图，通过观察可以看出纳米线是覆盖在纳米颗粒上层的，其直径大约为 0.2μm，长度在 10μm 以上，很多纳米线错综复杂地纠缠在一起，使其整体呈现网状结构。

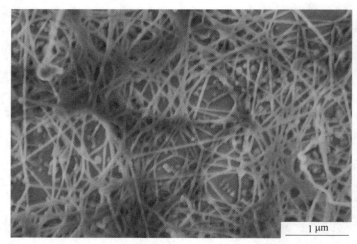

图 5-23 样品 C 纳米线的 SEM 图谱

B Raman 图谱分析

将样品 C 制备的样品的基底、颗粒和纳米线的拉曼数据输入 Origin 软件，做成拉曼图。

如图 5-24 所示，样品 C 硅基底中，振动峰的位置分别位于约 303cm^{-1}、520cm^{-1}、965cm^{-1}处，其中位于 303cm^{-1} 和 965cm^{-1} 的宽振动峰应该是来源于 Si 的横向声学（2TA）和光学振动（2TO），宽峰中位于 972cm^{-1} 的振动也可能属于氧原子在 Si—O—Si 键中的弯曲振动，这应该是来源于 Si 衬底在本实验过程中形成了一层氧化膜。位于 520cm^{-1} 左右的振动峰可能是由单晶硅的一阶光学声子振动导致的，位于 965cm^{-1} 左右的振动宽峰可能是由于 Si—O—Si 键的对称拉伸作用，也可能是由氧原子在 Si—O—Si 键的弯曲振动所导致的。

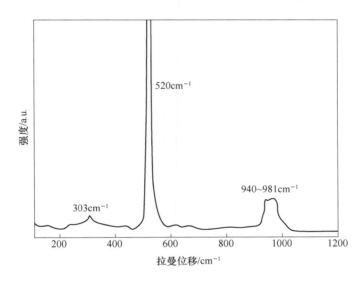

图 5-24 样品 C 硅基底的拉曼光谱示意图

如图 5-25 所示，样品 C 纳米颗粒中，振动峰的位置分别位于约 355cm^{-1}、480cm^{-1}、520cm^{-1}处，位于 355cm^{-1}附近的振动峰归因于石英和柯石英典型的振动峰，是 SiO$_2$本身的 A$_1$振动模式。480cm^{-1}附近的振动峰可能源于 SiO$_2$纳米材料生长过程中合成的 Si 的非晶化合物。位于 520cm^{-1}左右的振动峰可能是由单晶硅的一阶光学声子振动导致的。位于 964cm^{-1}的振动峰也可能是由氧原子在 Si—O—Si 键中的弯曲振动导致的。

如图 5-26 所示，样品 C 纳米线中，振动峰的位置分别位于约 337cm^{-1}、480cm^{-1}、520cm^{-1}处，其中位于 337cm^{-1}左右的振动峰可能是由于 Si—O—Si 键振动时 Si—O 的伸缩振动导致的。480cm^{-1}附近的振动峰可能源于 SiO$_2$纳米材料生长过程中合成的 Si 的非晶化合物。位于 520cm^{-1}左右的振动峰同样是由来源于硅基底的单晶硅的一阶光学声子振动导致的。

对比三种形貌的 Raman 光谱可知。样品 C 中硅基底谱图中位于 520cm^{-1}的硅

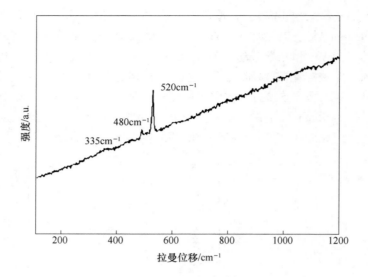

图 5-25 样品 C 纳米颗粒的拉曼光谱示意图

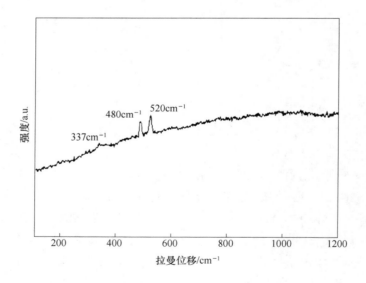

图 5-26 样品 C 纳米线的拉曼光谱示意图

的一阶光学声子振动具有很高的强度，这是因为使用的基底材料是硅片，基底的 Raman 光谱具有很强的硅片的信号。颗粒谱图和纳米线谱图中位于 $520cm^{-1}$ 的硅的一阶光学声子振动的强度远小于硅基底，其中颗粒谱图的一阶光学声子振动的强度较纳米线谱图更强，这可能是因为颗粒位置与基底位置更近。图 5-22 中显示了样品的 SEM 形貌图，可以发现在硅基底上同时生成了纳米线和纳米颗粒样品，其中纳米颗粒直接沉积在硅基底上，而纳米线沉积在纳米颗粒的上层，距离基底比沉积颗粒远些。颗粒谱图和纳米线谱图中的 480cm^{-1} 位置都存在非晶 Si 的振动峰，说明实验中有非晶硅在生长 SiO$_2$ 纳米材料的同时被合成，其中纳米线图谱中此振动峰强度较高，这可能说明了纳米线中非晶 Si 的含量较高。

5.3.3.3 不同温度制备条件下的拉曼研究

样品 A 实验条件：反应源是碳和二氧化硅，以硅片作为衬底，其中碳 0.24g，二氧化硅 0.4g，制备时间为 2h，反应温度为 1150℃，通入氩气，整个过程中抽 7 次真空并通入氩气，通气流量为 20mL/min，待稳定至 800℃后，通气流量为 90mL/min。

样品 B 实验条件：其他实验条件不变，温度变为 1050℃。

将以上两个不同温度下制备出的样品所得的拉曼数据导入 Origin 中，制成折线统计图，如图 5-27 和图 5-28 所示。

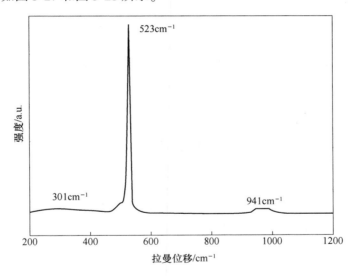

图 5-27　样品 A 的 Raman 图谱示意图

图 5-27 为样品 A 的拉曼谱图，其中位于 301cm^{-1} 左右的振动峰可能是来源于氧原子之间的相互作用导致的内部振动；其中位于 523cm^{-1} 左右的振动峰可能是由单晶硅的一阶光学声子导致的振动，这是非常典型的分子振动。

图 5-28 为样品 B 的拉曼谱图，其中位于 479cm^{-1} 左右的振动峰可能是由 Si—O—Si 键振动时 Si—O 的伸缩振动导致的，位于 941~988cm^{-1} 左右的振动宽峰可能是由于 Si—O—Si 键的对称拉伸作用，也可能是由氧原子在 Si—O—Si 键的弯曲振动所导致的。

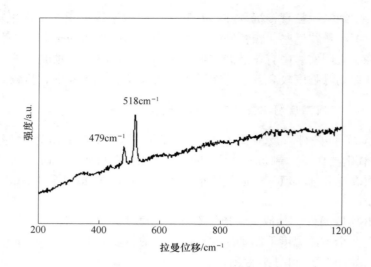

图 5-28 样品 B 的 Raman 图谱示意图

从图 5-27 和图 5-28 可以看出，温度的改变对样品最后的结构有较大的影响。在制备实验中随着制备温度的降低，所得到的成品的拉曼图谱峰位也随之降低，没有形成尖锐的强度较高的拉曼峰，峰形大多是弱而宽的。

5.3.3.4 不同反应源制备条件下的拉曼研究

样品 C 实验条件：反应源是铝和二氧化硅，以硅片作为衬底，其中铝和二氧化硅各 0.5g，制备时间为 2h，反应温度为 1100℃，通入氩气，整个过程中抽 3 次真空并通入氩气，通气流量为 80mL/min。

样品 D 实验条件：反应源改为镁和二氧化硅，其他反应条件不变。

将以上两个不同温度下制备出的样品所得的拉曼数据导入 Origin 中，制成折线统计图，如图 5-29 和图 5-30 所示。

图 5-29 为样品 C 的拉曼图谱，其中位于 480cm^{-1} 左右的振动峰可能是由于 Si—O—Si 键中氧原子的振动，位于 619cm^{-1} 的微弱振动峰可能是由来自 SiO$_2$ 反应合成的硅酸盐所导致的，位于 941~984cm^{-1} 左右的振动宽峰可能是由氧原子在 Si—O—Si 键的弯曲震动导致的。

图 5-30 为样品 D 的拉曼图谱，从整体来看与样品 C 的谱图大致相似，明显的区别在于本图中无 600cm^{-1} 附近的峰位。其中位于 478cm^{-1} 左右的振动峰可能是由 Si—O 键的伸缩振动导致的，位于 518cm^{-1} 左右的振动峰可能是由单晶硅的一阶光学声子导致的振动。

不同反应源下制备的样品图谱大致相似，都形成了高强度的拉曼峰，这证明了制备出的二氧化硅纳米材料高度有序。但在图 5-29 与图 5-30 的比较中可以发

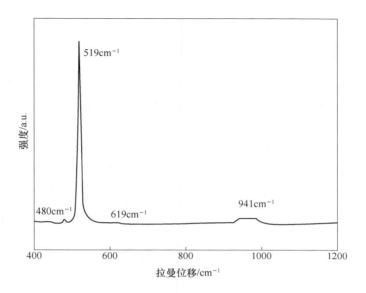

图 5-29 样品 C 的 Raman 图谱示意图

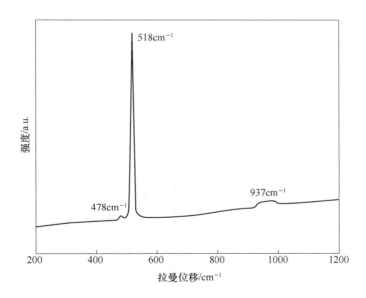

图 5-30 样品 D 的 Raman 图谱示意图

现，以 Al 和 SiO_2 作为反应源时得出的拉曼图谱中多了一个在 $619cm^{-1}$ 附近的振动峰位，其峰形较为微弱，初步分析，这是由在制备过程中二氧化硅反应合成的硅酸盐所导致的。

5.3.4 小结

本节首先对二氧化硅进行概述，介绍其结构性质。并讨论了几种 SiO_2 纳米材料的制备方法的特点，其中气相法以工艺简单、成本低廉、制备样品纯度高，可有效控制纳米材料的生长的特点成了本节实验的最佳选择。

采用气相法制备纳米二氧化硅，详细地介绍了实验工艺流程，并对各种可能产生误差的实验操作进行了总结，制备出样品后，在不同条件下对所制成的纳米二氧化硅进一步运用了 Origin 软件对实验所得数据进行了深入的研究分析。对不同的实验时间和形貌结构进行研究。拉曼图谱显示，通过对不同的实验时间研究，发现较长的生长时间会合成较厚、较多的 SiO_2 样品使基底的信号变弱。通过样品的 SEM 形貌图对样品结构研究，发现在硅基底上同时生成了纳米线和纳米颗粒样品，实验中有非晶硅在生长 SiO_2 纳米材料的同时被合成，纳米线中非晶 Si 的含量较高。从所得的拉曼光谱可以看出在制备实验过程中沉积温度和反应源的变化对于所得样品分子结构的影响。在温度定为 1150℃ 时，制备出来的样品量大，成键结构规则，所形成的拉曼图谱上的振动峰是较高、较强的；而在 1050℃ 时制备出来的样品，对应的谱图中则没有看到强度较高的拉曼峰，更多的是较矮较钝的峰形。由此可得温度的不足会导致制备过程中纳米材料生长的不充分，所得到的样品材料表面较薄，其应用性能也会受到影响。在反应源不同时，表面会形成相对应的化合物，掺杂在制备出的样品中。

以上是通过气相法生长纳米 SiO_2 材料，对纳米 Si 基材料的制备有很好的研究参考价值，对制备出来的纳米 SiO_2 材料的拉曼图谱分析可以对纳米材料生长状况及其结构的研究具有参考价值。本节介绍了不同的条件下对纳米 SiO_2 材料生长状况及其结构的影响，对纳米 SiO_2 材料在功能材料领域的研究具有促进作用。未来对于纳米二氧化硅制备，应该探索使成品更加纯净的制备方法，还要研究如何优化制备过程，使纳米二氧化硅的结构及其性能更加优秀和稳定，还可以探索更加简便、对环境危害更小、制备方法更加简单或者生产成本更加少的实验制备方法。纳米二氧化硅的发展具有行业前景和研究价值。

参 考 文 献

[1] RAN G Z, CHEN Y, YUAN F C, et a1, An effect of Si nanoparticles on enhancing Er^{3+} electroluminescence in Si-rich SiO_2: Er films [J]. Solid State Solid State Commun. , 2001, 118: 599-602.

[2] YU D P, HANG Q L, DING Y, et al. Amorphous silica nanowires: Intensive blue light emitters [J]. Applied Physics Letters, 1998, 73: 3076-3078.

[3] WANG L, TOMURA S, SUZUKI M, et al. Synthesis of mesoporous silica material with sodium hexafluorosilicate as silicon source under ultra-low surfactant concentration [J]. Journal of Materials Science Letters, 2001, 20 (3): 277-280.

[4] ZHANG M, CIOCAN E, BANDO Y, et al. Bright visible photoluminescence from silica nanothbe flakes prepared by the sol-gel template method [J]. Applied physics letters, 2002, 80: 491-493.

[5] LI Y B, BANDO Y, GOLBERG D, et al. SiO_2-sheathed InS nanowires and SiO_2 nanotube [J]. Applied Physics Letters, 2003, 83 (19): 3999-4001.

[6] NIU J, SHA J, ZHANG N, et al. Tiny SiO_2 nano-wires synthesized on Si (111) wafer [J]. Physica E: Low-dimensional Systems and Nanostructures, 2004, 23 (1): 1-4.

[7] 刘俊渤, 臧玉春, 吴景贵, 等. 纳米二氧化硅的生产及应用 [J]. 长春工业大学学报, 2003, 24 (4): 9-12.

[8] SKUJA L. The origin of the intrinsic 1. 9 eV luminescence band in glassy SiO_2 [J]. Journal of Non-Crystalline Solids, 1994, 179 (21): 51-69.

[9] DEPAIS O, GRISCOM D L, MEGRET P, et al. Influence of the cladding thickness on the evolution of the NBOHC band in optical fibers exposed to gamma radiations [J]. Journal of Non-Crystalline Solids, 1997, 216 (1): 124-128.

[10] SKUJA L, MIZUGUCHI M, HOSONO H, et al. The nature of the 4. 8eV optical absorption band induced by vacuum-ultraviolet irradiation of glassy SiO_2 [J]. Nuclear Instruments & Methods in Physics Research, 2000, 166-167 (1): 711-715.

[11] GRISCOM D L, MIZUGUCHI M. Determination of the visible range optical absorption spectrum of peroxy radicals in gamma-irradiated fused silica [J]. Journal of Non-Crystalline Solids, 1998, 239 (1/2/3): 66-77.

[12] SAKURAI Y, NAGASAWA K. Radial distribution of some difect-related optical absorption and PL bands in silica glasses [J]. Journal of Non-Crystalline Solids, 2000, 277: 82-90.

[13] IMAGAWA H, ARAI T, HOSONO H, et al. Reaction kinetics of oxygen-deficient centers with diffusing oxygen molecules in silica glass [J]. Journal of Non-Crystalline Solids, 1994, 179 (11): 70-74.

[14] ANEDDA A, BOSCAINO R, CANNAS M, et al. Experimental evidence of the comoosite nature of the 3. 1eV luminescence in natural silica [J]. Nuclear Instrumnets & Methods in Physics Research, 1996, 116 (1/2/3/4): 360.

[15] SAKURAI Y, NAGASAWA K. Excitation energy dependence of the photoluminescence band at 2. 7 and 4. 3eV in silica glass at low temperature [J]. Journal of Non-Crystalline Solids, 2001,

290 （2）：189-193.

[16] 汪斌华, 黄婉霞, 刘雪峰, 等. 纳米 SiO_2 的光学特性研究 [J]. 材料科学与工程学报, 2003, 21 （4）：514-517.

[17] WILEY J B, KANER R B. Rapid solid-state precursor synthesis of materials [J]. Science, 1992, 255 （5048）：1093-1097.

[18] 刘立泉, 何永. 纳米二氧化硅粉体的制备 [J]. 电子元件与材料, 2000, 19 （4）：28-28.

[19] 瞿其曙, 何友昭, 淦五二. 超细二氧化硅的制备及研究进展 [J]. 硅酸盐通报, 2000, 19 （5）：57-63.

[20] 宋秀芹, 马建峰. 无机非金属材料的软化学合成 [J]. 硅酸盐通报, 1996 （6）：57-63.

[21] WAGNER R S, ELLIS W C. Vapor-liquid-solid mechanism of single crystal growth [J]. Applied Physics Letters, 1964, 4 （5）：89-90.

[22] ZHANG Y, WANG N, HE R, et al. A simple method to synthesize Si_3N_4, and SiO_2, nanowires from Si or Si/SiO_2, mixture [J]. Journal of Crystal Growth, 2001, 233 （4）：803-808.

[23] YANG Y H, WANG C X, WANG B, et al. Radial ZnO nanowire nucleation on amorphous carbons [J]. Applied Physics Letters, 2005, 87 （18）：183109.

[24] ZHANG Y, WANG L, LIU X, et al. Synthesis of nano/micro zinc oxide rods and arrays by thermal evaporation approach on cylindrical shape substrate [J]. The Journal of Physical Chemistry B, 2005, 109 （27）：13091-13093.

[25] YAO B D, CHAN Y F, WANG N. Foemation of ZnO nanostructures by a simple way of thermal evaporation [J]. Applied Physics Letters, 2002, 81 （4）：757-759.

[26] LIANG C H, ZHANG L D, MENG G W, et al. Preparation and characterization of amorphous SiO_x nanowires [J]. Journal of Non-crystalline Solids, 2000, 277 （1）：63-67.

[27] SRIVASTAVA S K, SINGH P K, SINGH V N, et al. Large-scale synthesis, characterization and photoluminescence properties of amorphous silica nanowires by thermal evaporation of silicon monoxide [J]. Physica E: Low-dimensional Systems and Nanostructures, 2009, 41 （8）：1545-1549.

[28] LI D, SHANG Z, WEN Z, et al. Silicon dioxide film deposited by plasma enhanced chemical vapor deposition at low temperature [J]. Nami Jishu Yu Jingmi Gongcheng/Nanotechnology & Precision Engineering, 2013, 11 （2）：185-190.

[29] NIU J, SHA J, YANG D. Silicon nano-wires fabricated by a novel thermal evaporation of zinc sulfide [J]. Physica E: Low-Dimensional Systems and Nanostructures, 2004, 24 （3）：178-182.

[30] NIU J, SHA J, YANG D. Sulfide-assisted growth of silicon nano-wires by thermal evaporation of sulfur powders [J]. Physica E: Low-Dimensional Systems and Nanostructures, 2004, 24 （3/4）：278-281.

[31] MARKOV S, SUSHKO P V, Roy S, et al. $Si-SiO_2$ interface band-gap transition-effects on MOS inversion layer [J]. Physica Status Solid （a）, 2008, 205 （6）：1290-1295.

[32] CHIODINI N, PALEARI A, DIMARTINO D, et al. SnO_2 nanocrystals in SiO_2: A wide-band-gap quantum-dot system [J]. Applied Physics Letters, 2002, 81 （9）：1702-1704.

[33] KACHURIN G A, TYSCHEKO I E, ZHURAVLEV K S, et al. Visible and near-infrared luminescence from silicon nanostructures formed by ion implantation and pulse annealing [J]. Nuclear Instruments & Methods in Physics Research, 1997, 122 (3): 571-574.

[34] VOLODIN V A, SACHKOV V A. Improved model of optical phonon confinement in silicon nanocrystals [J]. Nuclear Instruments & Methods in Physics Research, 1997, 122 (3): 571-574.

[35] PENG X S, WANG X F, ZHANG J, et al. Blue-light emission from amorphous SiO$_x$ nanocrystals [J]. Journal of Experimental and Theoretical Physics, 2013, 116 (1): 87-94.

[36] MENG G W, PENG X S, WANG Y W, et al. Synthesis and photoluminescence of aligned SiO$_x$ nanowire arrays [J]. Applied Physics A: Materials Science & Processing, 2003, 76 (1): 119-121.

[37] ZHENG B, WU Y, YANG P, et al. ChemInform abstract: synthesis of ultra-long and highly oriented silicon oxide nanowires from liquid alloys [J]. Advanced Materials, 2002, 14 (2): 122-124.

[38] TSUNEKAWA S, FUKUDA T, KASUYA A. Blue shift in ultraviolet absorption spectra of monodisperse CeO$_{2-x}$ nanoparticles [J]. Journal of Applied Physics, 2000, 87 (3): 1318-1321.

[39] O'REILLY E P, ROBERTSON J. Theory of defects in vitreous silicon dioxide [J]. Physical Review B Condensed Matter, 1983, 27 (27): 3780-3795.

[40] SKKUJA L. Optically active oxygen-deficiency-related centers in amorphous silicon dioxide [J]. Journal of Non-crystalline Solids, 1998, 239 (1): 16-48.

[41] ANADDA A, CARBONARO C M, Clemente F, et al. OH-dependence of ultraviolet emission in porous silica [J]. Journal of Non-Crystalline Solids, 2003, 322 (1): 68-72.

[42] TRUKHIN A N, Fitting H J. Investigation of optical and radiation properties of oxygen deficient silica glasses [J]. Journal of Non-Crystalline Solids, 1999, 248 (1): 49-64.

[43] NISHIKAWA H, SHIROYAMA T, NAKAMURA R, et al. Photoluminescence from defect centers in high-purity silica glasses observed under 7.9eV excitation [J]. Physical Review B, 1992, 45 (2): 586-591.

[44] ZHU Y Q, HU W B, HSU W K, et al. A simple route to silicon-based nanostructures [J]. Advanced Materials, 1999, 11 (10): 844-847.

[45] QIN G G, LIN J, DUAN J Q, et al. A comparative study of ultraviolet emission with peak wavelengths around 350nm from oxidized porous silicon and that from SiO$_2$ powder [J]. Applied Physics Letters, 1996, 69 (12): 1689-1691.

[46] RAO C N R, GOVINDARAJ A, VIVEKCHAND S R C. Inorganic nanomaterials: Current status and future prospects [J]. Annual Reports, 2006, 102: 20-45.

[47] ZHANG S, WANG X, HO K, et al. Raman spectra in a broad frequency region of p-type porous silicon [J]. Journal of Applied Physics, 1994, 76 (76): 3016-3019.

[48] LI B, YU D, ZHANG S L. Raman spectral study of silicon nanowires [J]. Phys. Rev. B, 1999, 59 (3): 1645-1648.

[49] CARUSO F, SHI X, CARUSO R A, et al. Hollow titania spheres from layered precursor deposition on sacrificial colloidal core particles [J]. Advanced Materials, 2001, 13 (10): 740-744.

[50] TANG M J, CAMP J C, RKIOUAK L, et al. Heterogeneous interaction of SiO_2 with N_2O_5: Aerosol flow thbe and single particle optical levitation-Raman spectroscopy studies [J]. Journal of Physical Chemistry A, 2014, 118 (38): 8817-8827.

[51] BRUS L E, SZAJOWAKI P F, WILSON W L, et al. Electronic spectroscpy and photophysics of Si nanocrystals: Relationship to bulk c-Si and porous Si [J]. Journal of the American Chemical Society, 1995, 117 (10): 2915-2922.

[52] YANG X, XU J, LIU Q, et al. SiO_2 nanocrystals embedded in amorphous silica nanowires [J]. Journal of Alloys & Compounds, 2017, 695: 3278-3281.

[53] LIU Z H, SHA J, YANG Q, et al. Flower-like silicon nanostructures [J]. Physica E, 2007, 38 (1): 27-30.

[54] WAN Y T, SHA J, WANG Z L, et al. Influence of ambient gas on the growth kinetics of Si nanocones [J]. Appl. Phys. Lett. , 2010, 97: 153128.

[55] QUE R H, SHAO M W, WANG S D, et al. Silicon nanowires with permanent electrostatic charges for nanogenerators [J]. Nano. Lett. , 2011, 11: 4870-4873.

[56] ZHANG S L, WANG X, HO K, et al. Raman spectra in a broad frequency region of p-type porous silicon [J]. J. Appl. Phys. , 1994, 76 (76): 3016-3019.

[57] TOMOYUKI K, TAKAO H, YOSHIKUNI H, et al. Determination of SiO_2 Raman spectrum indicating the transformation from coesite to quartz in Gföhl migmatitic gneisses in the Moldanubian Zone, Czech Republic [J]. Journal of Mineralogical & Petrological Sciences, 2008, 103 (2): 105-111.

[58] YANG X, XU J, LIU Q, et al. SiO_2 nano-crystals embedded in amorphous silica nanowires [J]. Journal of Alloys and Compounds, 2016, 695.

[59] FAHRENHOLTZ W G. Thermodynamic analysis of ZrB_2-SiC oxidation: Formation of a SiC-depleted region [J]. Journal of the American Ceramic, Society, 2007, 90 (1): 143-148.

[60] PADOVANO E, BADINI C, BIAMINO S, et al. Pressureless sintering of ZrB_2-SiC composite laminates using boron and carbon as sintering aids [J]. Advances in Applied Ceramics, 2013, 112 (8): 478-486.

[61] 郑湘林, 李国栋, 熊翔, 等. 常压化学气相沉积 ZrC 涂层动力学与组织结构 [J]. 中南大学学报 (自然科学版), 2011, 42 (7): 1912-1917.

[62] QIN G G, LIN J, DUAN J Q, et al. A comparative study of ultraviolet emission with peak wavelengths around 350nm from oxidized porous silicon and that from SiO_2 Powder [J]. Appl. Phys. Lett. , 1996, 69: 1689-1691.

[63] FURUKAWA S, MIYASATO T, QUANTUM. Size effects on the optical band gap of microcrystalline Si: H [J]. Phys. Rev. B. , 1998, 38: 5726-5729.

[64] LYER S S, XIE Y H. Light emission from silicon [J]. Sci. , 1990, 260: 40-46.

[65] SWAIN B S, SWAIN B P, LEE S S, et al. Microstructure and optical properties of oxygen-

annealed c-Si/a-SiO$_2$ core-shell silicon nanowires [J]. J. Phys. Chem. C, 2012, 116: 22036-22042.

[66] WANG Y, SCHMIDT V, SENZ S, et al. Epitaxial growth of silicon nanowires using an aluminium catalyst [J]. Nature Nanotechnology. , 2006, 1: 186-189.

[67] HIBST N, KNITTED P, BISKUPEK J, et al. The mechanisms of platinum-catalyzed silicon nanowire growth [J]. Semicond. Sci. Technol. , 2016, 31: 1-7.

[68] WANG C X, YIN L W, ZHANG L Y, et al. Platinum-nanoparticle-modified TiO$_2$ nanowires with enhanced photocatalytic property [J]. ACS Applied Material & Interfaces, 2010, 2: 3373-3377.

[69] SHINIZU, KENICHI, SHIMURA. Electronic effect of Na promotion for selective mono-N-alkylation of aniline with di-iso-propylamine by Pt/SiO$_2$ catalysts [J]. J. Mol. Catal. A: Chem. , 2012, 363: 171-177.

[70] DOMIRGUEZ M, BARRIO I, SANCHEZ M, et al. CO and VOCs oxidation over Pt/SiO$_2$ catalysts prepared using silicas obtained from stainless steel slags [J]. Catalysis Today, 2008, 133: 467-474.

[71] MBENKUM B N, SCHNEIDER A S, SCHUTZ G, et al. Low-temperature growth of silicon nanotubes and nanowires on amorphous substrates [J]. Acs Nano, 2010, 4: 1805-1812.

[72] GLASS R, ARNOLD M, CAVALCANTI-ADAM E A, et al. Block copolymer micelle nanolithography on non-conductive substrates [J]. New. J. Phys. , 2004, 6: 1-17.

[73] LI B B, YU D P, ZHANG S L. Raman spectral study of silicon nanowires [J]. Phys. Rev. B. , 1999, 59: 1645-1648.

[74] MCMILLAN P. Structural studies of silicate glasses and melts-applications and limitations of Raman spectroscop [J]. Am. Mineral. , 1984, 69: 622-644.

[75] GLINKA Y D, JARONIEC M. Spontaneous and stimulated Raman scattering from surface phonon modes in aggregated SiO$_2$ nanoparticles [J]. J. Phys. Chem. B. , 1997, 101: 8832-8835.

[76] RKIOUAK L, TANG M J, CAMP J C J, et al. Optical trapping and Raman spectroscopy of solid particles [J]. Phys. Chem. Phys. , 2014, 16: 11426-11434.

[77] ZHENG B, WU Y Y, YANG P D, et al. Synthesis of ultra-long and highly oriented silicon oxide nanowires from liquid alloys [J]. Adv. Mater. , 2002, 14: 122-124.

[78] SUN S H, MENG G W, WANG Y W, et al. Large-scale synthesis of SnO$_2$ nanobelts [J]. Appl. Phys. A. , 2003, 76: 287-289.

[79] ZHANG Z, FAN X H, XU L, et al. Morphology and growth mechanism study of self-assembled silicon nanowires synthesized by thermal evaporation [J]. Chem. Phys. Lett. , 2001, 337: 18-24.

[80] BORNACELLI J, SILVA-PEREYRA H G, RODRIGUEZ-FERNANDEZ L, et al. From photoluminescence emissions to plasmonic properties in platinum nanoparticles embedded in silica by ion implantation [J]. Journal of Luminescence, 2016, 179: 8-15.

[81] XIA Y, MRKSICH M, KIM E, et al. Microcontact printing of octadecylsiloxane on the surface of silicon dioxide and its application in microfabrication [J]. J. Am. Chem. Soc. , 1995, 117:

9576-9577.

[82] HEMLEY R J. Pressure dependence of raman spectra of SiO_2 polymorphs: A-quartz, coesite, and stishovite [J]. High-Pressure Research in Mineral Physics: A Volume in Honor of Syun-iti Akimoto, 1987, 39: 347-359.

[83] HU H B, WANG Z H, PAN L, et al. Ag-coated $Fe_3O_4@SiO_2$ three-ply composite microspheres: synthesis, characterization, and application in detecting melamine with their surface-enhanced raman scattering [J]. J. Phys. Chem. C., 2010, 114 (17): 7738-7742.

[84] 宋祖伟, 李旭云, 曲宝涵, 等. 碳化硅晶须合成工艺与生长机制的研究 [J]. 莱阳农学院学报, 2005, 22 (3): 219-221.

[85] THU V V, CHIEN N D, HUY P T, et al. Structural and optical properties of Si nanocrystallites embedded in silicon dioxide prepared by rf Co-sputtering [J]. Tap Chi Khoa Hoc Va Cong Nghe., 2008, 46 (1): 121-128.

[86] 张克良, 范新会, 于灵敏, 等. ZnO 纳米线的制备及其光学性能 [J]. 材料科学与工程学报, 2007, 25 (3): 411-414.

[87] 何淑婷, 刘宝春. 纳米二氧化硅改性及其应用研究进展 [J]. 材料研究与应用, 2016, 10 (2): 71-74, 80.

[88] 杨喜宝, 刘秋颖, 赵景龙, 等. SiO_2 纳米线/纳米颗粒复合结构的制备及光致发光性能研究 [J]. 人工晶体学报, 2017 (2): 885-889.

[89] KOBAYASHI T, HIRAJIMA T, HIROI Y, et al. Determination of SiO_2 Raman spectrum indicating the transformation from coesite to quartz in GfÖhl migmatitic gneisses in the Moldanubian Zone, Czech Republic [J]. Journal of Mineralogical and Petrological Sciences, 2008, 103 (2): 105-111.